LOCUS

LOCUS

LOCUS

LOCUS

from

vision

from 123
三零世界
翻轉厭世代，看見未來，
零貧窮、零失業、零淨碳排放的新經濟解方
A World of Three Zeros: The New Economics of Zero Poverty, Zero Unemployment, and Zero Net Carbon Emissions

作者：穆罕默德・尤努斯（Muhammad Yunus）
卡爾・韋伯（Karl Weber）
譯者：林麗雪
責任編輯：吳瑞淑
封面設計：比比司設計工作室
校對：呂佳真
出版者：大塊文化出版股份有限公司
台北市 10550 南京東路四段 25 號 11 樓
www.locuspublishing.com
電子信箱：locus@locuspublishing.com
讀者服務專線：0800-006689
TEL：(02) 87123898　　FAX：(02) 87123897
郵撥帳號：18955675　　戶名：大塊文化出版股份有限公司
法律顧問：董安丹律師、顧慕堯律師

總經銷：大和書報圖書股份有限公司
地址：新北市新莊區五工五路 2 號
TEL：(02) 89902588 (代表號)　　FAX：(02) 22901658
初版一刷：2018 年 4 月

定價：新台幣 360 元
Printed in Taiwan

A WORLD OF THREE ZEROS
THE NEW ECONOMICS of ZERO POVERTY,
ZERO UNEMPLOYMENT,
and ZERO NET CARBON EMISSIONS

三零世界
翻轉厭世代，看見未來，
零貧窮、零失業、零淨碳排放的新經濟解方

穆罕默德・尤努斯 Muhammad Yunus
卡爾・韋伯 Karl Weber 著
林麗雪 譯

致
創造新文明的
年輕世代

目錄

第三部　改造世界的超級力量

推薦序
這個時代，我們想要什麼？

張慧慈（《咬一口馬克思的水煎包》作者）

曾經，在一場會議中，主管們問著我們這堆生嫩的年輕員工說：

「你們年輕人，要的是什麼？」

霎時間，眾說紛紜。

我們都是年輕的員工，但正如世間對於年輕人的誤解一樣，總是忘記了，我們也都是來自不同背景、經歷過不一樣人生的「年輕人們」。

我還記得，我是這樣說的：「我們這一代，大多數的人知道，經濟不可能會變得更好，好得像是過去經濟起飛階段那樣。我們出身富裕，出生在一個富庶的台灣，縱使我的家境不好，我都能夠取得相對於其他國家，更好的教育以及醫療資源。也因此，我們同時知道，這片富裕的景象背後，是犧牲經濟成長所無法抵付的，那些關乎人權、公平正義、環境等重要的事項。所以，我們這一代終其一生所追求的，可能只是大人曾經放棄的、那些重要的東西。」

這不是我一個人的想法。

取得販賣機裡美好世界的十元硬幣：教育

我一直是個支持廣設大學政策的人，即使這並不符合主流意見。我自己是從廣設大學政策中，受惠（當然也受害）的人。但我仍然相信，大學所帶給我們的，不只是知識的傳授而已。

人生很少有機會，可以接觸到大部分非我族類的人所聚集的場域。軍營或許是一個例子，但終究是個高壓、講求紀律的地方，不太允許人有思考行為，這點從很多當完兵的朋友們會覺得自己變笨可得知。而大學，尤其對我這樣跳過好幾個階層上來的孩子，便是一個打開視野的地方了。

所以，教育一直是個不敗的議題。無論景氣好壞，無論國家興亡，對於教育，我們總是有討論不完的話題。這乃是因為，教育太重要了。大學應該發揮的職責，不是讓學生擁有一技之長而已；更重要的，必須要讓學生思考、提問，進而發揮每個人與生俱來的創意。

這是我們，當代台灣青年，在富裕的環境中，得到最大的資產。

作者尤努斯在書中提到，在他的觀察中，看到了年輕人的困境。數以百萬計的青年，看不到前途，痛吼「為什麼這個世界好像完全用不到他們的才能」。

這放回我們的國家，台灣，同樣成立。

我們的社會，對於一技之長的定義過於狹隘，我們忽略了在經濟成長的過程中，我們並未成功地推動產業轉型。然而，我們的社會，卻盡忠職守地培養未來的人才。以至於，產業跟人才產生學用落差。然後，全數怪回年輕人沒有培養一技之長，讓青年不知道，自己手中到底握有什麼籌碼，只能安於低薪，或是追逐快錢。這樣的結果，對於這個國家的發展，毫無益處。

我在越南工作的時候，最喜歡問老闆、問客戶的問題就是：「為什麼你們要用台幹？」

答案幾乎相當一致，當然，我扣除了那些只會說台灣年輕人不爭氣，卻說不出既然不爭氣，為什麼不用「俗擱大碗」當地人的老闆。其餘幾乎所有成功的企業主，給我的答案都是：「台灣年輕人很會思考」。

「思考」，進而帶出了邏輯、探索精神，是台商在越南還找不到、卻又重要到不行的能力。一個企業要有良好的發展，需要的不是一群順應上意的員工，而是會優化流程、提出問題、蹦出新想法的人才。因此，常會從很多朋友口中聽到，因為他們提出的想法，老闆做出什麼改變，甚至增聘了哪些職位，來擴展公司的藍圖。

這也是為什麼幾乎每一本擘畫未來的書籍中，都不會漏掉重視年輕人章節的主要原因。

你想對年輕人說什麼？

我在出書之後，因為專訪影片對於年輕人的勞動狀態有一些說法，因而在各式各樣的訪談中，最常被問到的就是：「你有什麼想給年輕人的建議？」

雖然當下我總是覺得，我才快三十歲，怎樣也算在年輕人的範圍，但我還是會說：「我覺得，上一輩應該要釋放更多善意，才能開啟對話的空間。因為我們受傷了，很重。」

改變世界的方式很多，有些成功了，有些宣告失敗，有些還沒做。但其中最關鍵的因素是，要讓被這個世界傷害最深的，那些底層的、弱勢的、持續貧窮的、失業的、深受環境所害的，以及，那些青年們，能夠看到善意，相信這次跟之前不一樣。這樣，改革才有可能被推動、被持續落實，進而逐步構建出所謂公平正義的未來。

推薦序

《三零世界》是改造世界的超級力量

蔡慧玲、王絹閔（財團法人台灣尤努斯基金會董事長、執行長）

二〇一四年四月十一日，當諾貝爾和平獎得主尤努斯博士抵台，我們親自熱情地去接機時，有一種美夢成真的幸福！

源於國際扶輪三四八〇地區二〇一三－一四年度，邱秋林總監的夢想——希望邀請諾貝爾和平獎得主尤努斯博士，擔任國際扶輪地區年會的主講人；以及絹閔曾經在二〇〇七年，受邀至韓國首爾參與聯合國婦女論壇，因緣際會與當時的大會主講人——甫於二〇〇六年因創辦格萊珉銀行，獲得諾貝爾和平獎的尤努斯博士結緣，經過絹閔自告奮勇長達數月，並親自至孟加拉參與社會型企業世界年會，親見尤努斯博士的積極邀約之下，終於獲得他的首肯來台。

在同年四月十二日，他擔任國際扶輪三四八〇地區的年會主講人，以及出席於四月十三日由中華企業轉型升級創新協會主辦「夢想、無貧、新世界」活動，與雲門舞集林懷民藝術總監，共同主講的大師青年論壇，當時超過三千多人聆聽演講。我們均被尤努斯博士以「二〇三〇年將貧窮送進博物館」，及鼓勵青年創立社會型企業、一個人也可以改變世界等呼籲深深感動。

當時有感於台灣社會，貧富差距日益擴大，我們想把尤努斯博士成功的經驗、知識技術，引入國內，幫助推動台灣社會，故發起創辦台灣尤努斯基金會。並於二〇一六年舉辦社會型企業東亞年會，再度邀請尤努斯博士來台，尤努斯博士為基金會規畫了四項任務，即四大志業：尤努斯社會企業中心、發展與推動尤努斯社會型企業、社會型企業基金及格萊珉公益信託；基金會並以推動三零任務：零貧戶、零失業、零淨碳排放為目標。

《三零世界》此書，為推動三零任務的最佳指南，更是創新思維、重新設計經濟制度的典範。看了第一章即被全世界個人財富落差持續擴大的現象與具體數字所震撼！印證尤努斯博士所言：「窮人就像手上沒有磁鐵的人，很難吸引到任何東西」，深有感觸。

我們非常認同尤努斯博士所言：為了減少資本主義所造成的破壞，慈善活動和福利計畫的用意良好。但是，真正的解決方案，必須從制度本身做改變，而有重新設計經濟引擎的必要，一個個為了解決社會問題而成立的社會型企業，就像在社會上開展了一個個社會引擎，有益於運用民間力量解決社會問題。

本書引導創業者，除了創造一個追求利潤極大化的傳統營利事業外，更可以考慮創立一個以解決社會問題的社會型企業，共同致力實現三零世界。《三零世界》展現了尤努斯博士的高度宏觀思想精髓，與他在世界各國實作及成功案例經驗分析的精闢之處，並為資本主義造成的社會問題，指出了解決之道，值得政府與各界人士研讀。相信除可做為政策參考，更可以啟迪人心，重新思考定義自己的人生。

經由基金會積極努力推廣，目前在台灣已有多所大學，成立尤努斯社會企業中心（Yunus Social Business Centre, YSBC），包括：中央大學、長榮大學、高雄大學、金門大學、屏東科技大學及高雄科技大學等等。透過大學教育培養青年以解決社會問題為核心的利他無私精神，相信鼓舞青年創立社會型企業，以及推動各大企業，將投入企業社會責任（CSR）的預算資源，轉為支持或創立社會型企業等等，未來會有更多致力於社會正義、公益永續的社會型企業創業家，樂見本書所指出的「改造世界的超級力量」也將會是未來翻轉過度資本主義、功利主義之一股改變台灣的新力量。

祝福《三零世界》暢銷熱賣，也期待有更多的社會型企業解決各種社會問題及造福更多人脫貧致富。

第一部

挑戰

1 資本主義的失敗

我大部分的人生都在為窮人做事，尤其是為赤貧的婦女。我試著為她們排除在她們努力改善生活時所面對的各種障礙。藉由一些工具與方法，像是一九七六年我在祖國孟加拉推出的格萊珉銀行（Grameen Bank）微型信貸（microcredit，又譯小額信貸）服務，提供資金給窮困的村民，特別是婦女。在那之後，微型信貸已經釋放了全球超過三億名窮人的創業能力，幫助他們打破奴役著他們的貧窮與剝削鏈。

讓數百萬人順利脫貧的微型信貸，揭露了傳統銀行制度的缺點：他們一向拒絕最需要銀行服務的人，也就是世界上最窮困的人。但這只是窮人承受的眾多相互關聯的問題之一，其他還包括缺乏體制上的服務、缺乏乾淨的飲用水和衛生設施、缺乏醫療照護、教育資源不足、低於標準的居住環境、無法取得能源、對年長者的忽略等等。而且，這些問題不只發生在開發中國家。我在全球各地旅行的時候發現，住在最富裕國家的低所得人民，也遭遇同樣的問題。套句諾貝爾經濟學獎得主安格斯・迪頓（Angus Deaton）的話：「如果只能選擇住在印度的貧困村落，或是密西西比三角洲，或是密爾瓦基郊外的拖車屋區，我實在不確定，哪一個地方的生活比較好。」①

財富集中趨勢持續上揚

苦惱著全世界窮人的問題，反映出一個更廣泛的社會經濟問題。隨著財富越來越集中，財富不均的現象也日益加劇。

長久以來，財富不均一直是政治上的熱門主題。為了解決這個問題，近幾年來已經推動了很多重大的政治社會運動，以及許多立意宏偉的創始措施。為此也流了不少的血。然而，財富不均依然像以前一樣無解。事實上，有充分證據顯示，最近數十年來，個人財富落差持續擴大的現象更形惡化。經濟成長了，但財富集中的情況也隨之加劇。儘管各項國內與國際的發展方案、所得重分配方案，以及其他為了緩解低所得人民的問題而做的種種努力，在在產生了正面的影響，然而，這股趨勢依然持續，甚至速度加快。雖然，微型信貸幫助了許多人脫離貧困生活，然而於此同時，富人仍然占有了世界上大部分的財富。

財富持續集中的這股趨勢非常危險，對於人類進步、社會凝聚、人權以及民主都形成威脅。這個世界的財富若集中在少數人手中，政治權力亦將為少數人所掌控，任由他們利用，以謀求自身利益。

各國國內的財富集中情況持續加劇，國與國之間的財富集中現象也同時升高。即使數百萬窮人努力工作，以求脫離貧困生活，世界上大部分的財富卻仍然集中在六個國家的手中。

財富與權力的鴻溝加大，將無可避免地加深不信任感、憎恨、憤怒，將世界推向社會動盪，各國之間武裝衝突的可能性也隨之升高。

由十八個非營利組織組成的國際聯盟組織樂施會（Oxford Committee for Famine Relief, Oxfam），一直致力於解決全球貧窮問題。樂施會的專家研究財富集中的問題已久，他們所揭露的資料令人駭然。

---

①作者注　Annie Lowrey, "Is It Better to Be Poor in Bangladesh or the Mississippi Delta?" *The Atlantic*, March 8, 2017, https://www.theatlantic.com/business/archive/2017/03/angus-deaton-qa/518880/.

二〇一〇年，樂施會的一份報告指出，全世界最富有的三百八十八人所擁有的財富總和，比全球較貧困的一半人口（大約三十三億人）的總資產還多。當時，這個統計數字已經相當令人詫異，全世界也都同表震驚。然而，接下來幾年中，這個問題更加快速惡化。到了二〇一七年一月，樂施會公布的數字顯示，財富總和超過全球較貧困的一半人口總資產的那一群超級富豪，人數竟然縮減到只剩八人，而比較貧困的那一半人口，人數卻上升到三十六億人。②報上刊登了這八個人的照片，都是一些知名且備受尊崇的人士，包括美國企業界的領導人物，像是比爾・蓋茲（Bill Gates）、華倫・巴菲特（Warren Buffett）、傑夫・貝佐斯（Jeff Bezos），還有一些來自其他國家的富豪，包括西班牙的阿曼西奧・奧爾特加（Amancio Ortega），以及墨西哥的卡洛斯・斯利姆・赫魯（Carlos Slim Helú）。

這個消息如此令人難以置信，需要花點時間來消化。我們有很多的問題要問。一個國家的社會結構到底出了什麼毛病？為什麼大量的國家財富會掌握在少數幾個人的手中？一旦演變到國家大部分的財富為一人所掌控的局面，我們要如何防止這個人利用國家機器，遂行個人意志？不管明說還是暗示，這個人的意願將會成為國家的律法。

這種情況很容易發生在像孟加拉這樣的低所得國家，但我們現在知道，即使在像美國這樣的富裕國家，也可能發生。二〇一六年，美國參議員伯尼・桑德斯（Bernie Sanders）投入總統競選時就屢次指出，美國最富有的那〇・一%人口所擁有的財富，相當於底層九〇%人口所擁有的總財富。這個說法受到許多可靠的研究數據支持，資料來源包括美國國家經濟研究局（National Bureau of Economic Research）。③他也指出，創辦沃爾瑪（Walmart）的沃頓家族（Walton）所擁有的財富，比起美國收入底層四〇%的人口還要多。這個說法也受到公正的事實核查專家支持。④

一個國家讓那麼大量的財富和權勢，集中在少數幾個人的手中，是非常危險的事。因此，這次美國總統大選的結果，是選出一個除了擁有龐大的私人財富，但沒有其他任

② 作者注 "Just 8 Men Own Same Wealth as Half the World," Oxfam International, January 16, 2017, https://www.oxfam.org/en/pressroom/pressreleases/2017–01–16/just-8-men-own-same-wealth-half-world.

③ 作者注 Lauren Carroll and Tom Kertscher, "At DNC, Bernie Sanders Repeats Claim That Top One-Tenth of 1% Owns as Much Wealth as Bottom 90%," Politico, July 26, 2016, http://www.politifact.com/truth-o-meter/statements/2016/jul/26/bernie-s/dnc-bernie-sanders-repeats-claim-top-one-tenth-1-o/.

④ 作者注 Sean Gorman, "Bernie Sanders Says Walmart Heirs Are Wealthier Than Bottom 40 Percent of Americans," Politico, March 14, 2016, http://www.politifact.com/virginia/statements/2016/mar/14/bernie-s/bernie-sanders-says-walmart-heirs-are-wealthier-bo/.

何國家領導人資格的人，也就不令人意外了。

資本主義餵養出財富不均現象

前金融和政治樣貌中的許多特點，助長了財富集中問題的惡化。一個基本的事實是，在當今經濟制度之下，財富集中是無可避免、不會停止的過程。而且，和普遍認知相反，這些最富有的人不必是藉由賄賂、腐化手段，玩弄經濟制度於股掌的邪惡操控者。因為在現實中，現行的資本主義制度就是為他們而運作的。財富就像磁鐵，最大的磁鐵自然而然會吸引較小的磁鐵。今天的經濟制度正是這樣建立起來的。而且這樣的制度也受到大多數人的默許和支持。人們會嫉妒很富有的人，但通常不會攻擊他們。孩子還小的時候就被鼓勵嘗試，長大後也能躋身富有人士的行列。

相反地，窮人就像手上沒有磁鐵的人，他們會發現，自己很難吸引到任何東西。好不容易得到一小塊自己的磁鐵時，想要持續擁有也相當困難。比較大的磁鐵散發出一股難以抗拒的吸引力。單向的集中力道持續改變著財富圖表的形狀，在擁有最大財富規模的百分位人口中，代表其財富規模的長條圖簡直高入雲霄，而其他人的財富規模長條圖，才冒出地面一點點。

這樣的結構是無法永續的。在社會上與政治上，它就像一顆倒數計時的定時炸彈，等著要摧毀我們這些年來已經建立的一切。但是，當我們忙著日常生活，而忽略這樣的警訊時，令人驚恐的現實已經在我們身邊形成。

這和推銷傳統資本主義願景的專家所承諾的，並不一樣。自從現代資本主義在大約二百五十年前出現以來，自由市場的運作就像財富的自然調節器，這個觀念已經被很多人接受。我們很多人一直被教育，有一隻「看不見的手」會確保經濟體的競爭，促成市場上的平衡，並產生讓每一個人自然共享的社會利益。以獲利為唯一目標的自由市場，應該能為所有人提供更好的生活標準。

資本主義的確刺激了創新以及經濟成長。但是，當財富不均問題持續高漲，越來越多的人要問：「那隻看不見的手是不是在為社會中的所有人創造利益？」答案似乎很明顯。不知道為什麼，這隻看不見的手肯定特別偏袒富人，否則，為什麼今天財富嚴重集中的問題會持續擴大？

我們很多人從小就被灌輸一句口號：「經濟成長，一切就會水漲船高」。然而，這句話忽略了數百萬人緊抓著漏氣橡皮艇的窘境，有些人甚至連橡皮艇都沒有。

經濟學家湯瑪斯・皮凱提（Thomas Piketty）在暢銷著作《二十一世紀資本論》（*Capital in the Twenty-First Century*）中，對於當代資本主義助長財富不均的傾向，提出了完整的分析。他對於這個問題的診斷，在全球各地掀起熱烈爭論。我認為，在問題的本質上，皮凱提基本上是對的，但他所提出來的解決方案，主要是靠激進稅制來改善所得不均現象，並不足以解決這個問題。

我們必須在思考經濟的方式上，有更根本的改變。現在是承認資本主義的新古典主義願景，根本無法解決經濟問題的時候了。資本主義確實帶動了驚人的科技進步，也產生了大量的財富累積，但代價卻是創造了龐大的財富不均，並因此產生嚴重的人類問題。我們得摒除根深柢固的信念，不再無條件相信，以個人利益為中心的自由市場，有能力解決所有問題；我們必須承認，經濟制度若以現行架構繼續運作，財富不均問題不但不可能自然消失，反而會快速而急遽地惡化。

這個問題所影響的人，不會只是資本主義競爭遊戲中的「倒楣鬼」——事實上，這種人占了全世界人口的大多數。包括國家內部與國際之間的社會、政治生態、經濟發展，以及全人類（當然也包括那些富有的少數）的生活品質，都將遭受衝擊。

財富不均持續惡化，已經導致社會動盪、政治對立，以及各種利益團體之間的緊張局勢。因此產生了各式各樣現象，包括占領運動（Occupy movement）、茶黨（Tea Party）、阿拉伯之春（Arab Spring）；英國的脫歐宣言；川普的獲選；右翼國家主義、種族主義，以及歐洲和美國仇恨團體的崛起。感到權利被剝奪、看不到未來前途的人，逐漸醒悟，而且滿懷憤怒。於是，我們的世界被狠狠地切成兩半——擁有的和沒有的。二者之間除了互不信任、恐懼和敵意之外，沒有什麼共通之處。這種互不信任的氣氛，透過資訊和通訊科技，在最底層的人口之間持續散布，讓他們更意識到，分到自己手中的牌有多麼不公平。

這樣的狀態讓所有人都感到不自在，連總是處於社會頂層的人也感受到了。難道，富豪權貴很享受住在門控社區柵欄後面，以逃避其他九九%的人正在經歷的現實嗎？難道他們喜歡走在街上時，還得頻頻將目光從無家可歸或飢餓的遊民身上移開？難道他們很享受利用國家的工具，包括警力或其他形式的威逼，來鎮壓底層人口注定要高舉的抗議旗幟？難道他們真的希望，自己的子女、子孫繼承的是這樣的世界？

我相信對大部分的富人來說，答案都是否定的。

我不認為富人之所以致富，是因為他們是壞人。他們之中有許多是好人，只是善用了現行的經濟制度，而登上財富之梯的頂端。他們之中有許多人也同樣感受到了，住在貧富極度分立的世界裡的那股不安。

人們為慈善活動捐出大筆款項，就是一個證明。不論是以個人身分捐助非營利機構，或是透過慈善基金會，人們每年捐款做慈善活動的金額高達數千億美元。即使領導人是「企業的唯一功能就是利潤極大化」教條的信徒，大部分的企業還是會抽出固定比例的利潤，以履行「社會責任」的名義，推動社區服務計畫與慈善活動。

此外，每個社會都會撥出相當比例的稅收在社會福利計畫上，以資助健康照護、糧食援助、住房補貼，或是其他方式的補助，以改善我們之中最窮的那些人的生活。雖然，這些努力經常有欠周到或設計不佳，但的確反映出一個事實，社會中的大部分成員都覺得自己有義務做些什麼，以降低極端的財富不均現象，因為財富不均問題讓數百萬想過上安全、充實生活的人，得不到必要的資源。

為了減少資本主義所造成的破壞，慈善活動和福利計畫的用意良好。但是，真正的解決方案必須從制度本身做改變。

資本主義人與真實人

經濟制度上的問題，開始於我們對人類天性的錯誤假設。現行經濟制度的概念架構中，深植著對其他人漠不關心的態度。新古典主義的經濟理論，建立在「人類基本上是尋求個人利益的生物」這個信念之上，它假設個人利益最大化就是經濟的核心。這個假設所鼓勵的一種對待其他人的行為模式，光是用「**漠不關心**」還遠遠無法形容，即使用更嚴厲的字眼，像是**貪婪**、**剝削**、**自私**也不為過。根據許多經濟思想家的說法，自私根本不是問題，事實上，自私是資本主義人（Capitalist Man）的最高美德。

我可不想活在一個以自私為最高德行的世界裡。但是，經濟理論更深層的問題，在於它和現實嚴重脫節。幸好，在現實世界中，幾乎沒有人表現出資本主義人所應該具備的絕對自私。

在我們討論資本主義人的同時，或許也該問問，這個名詞是否也包括資本主義婦女（Capitalist Woman）。這兩者是一樣的嗎？資本主義人能代表資本主義婦女嗎？或者，我們應該另外創造「真實人」（Real Person）這個字眼，來同時代表這兩者？

真實人是許多特質的綜合體。他或她很享受也很珍惜和其他人之間的關係。真實人有自私的時候，也同樣有關愛、信賴和無私的時候。他們工作不僅僅是為了替自己賺錢，也是為了造福他人、強化社會、保護環境，為世界帶來更多喜樂、美好和愛。

許多證據可以證明這些無私動機的確存在。如果不存在，不會有人願意承擔讓世界更美好的艱巨任務。全球有數百萬人即使有其他機會可以讓生活過得比較舒服，卻仍然選擇擔任學校教師、社工人員、護士、消防員，這就證明了自私並不是全人類共通的價值。另外還有數百萬人為了幫助社群裡的其他人，而從事社會運動、非營利工作、志工、顧問、導師，為上述主張提供了更多的證據。

即使在商業世界中，我們原以為資本主義人主宰了一切，但無私和信任仍然發揮著重要的作用。孟加拉的格萊珉銀行就是一個明顯的例子。整個銀行都建立在信任的基礎上，無需擔保抵押、不必法律文件，也不需提出信用證明。大部分貸款人都是沒有資產的文盲；其中大多數甚至不曾處理過錢。她們是一度在金融制度中毫無地位可言的婦女。把錢借給她們，讓她們創辦自己的事業，在傳統的銀行家和經濟學家看來，簡直是瘋狂的想法。

事實上，格萊珉銀行的整個制度，都被視為不可能的任務。

然而到了今天，格萊珉銀行一年借出超過二十五億美元給九百萬名貧窮婦女，唯一憑藉的就是信任。銀行的貸款償還率（二〇一六年度）達到九八．九六％。另外，微型信貸銀行也以同樣的原則，在其他許多國家成功運作，其中也包含美國。舉例來說，格萊珉美國銀行在全美十二個城市共設有十九家分行，八萬六千名貸款人全數是女性，獲得的創業貸款平均大約為一千美元。二〇一七年，由格萊珉美國銀行所撥出的貸款超過六億美元，而且還款率超過九九％。

如果人類完全符合資本主義人的模子，向這些以信任為基礎的銀行借錢的人，應該會直接拖欠還款，把錢據為己有；如果是這樣，格萊珉銀行應該很快就倒閉了。因此，格萊珉銀行長久以來的成功，證明真實人與資本主義人是非常不同的生物——真實人好太多了。

然而，許多經濟學家、企業領導人以及政府專家的思維和行為，仍然認為資本主義人真的存在，自私仍然是操控人類行為的唯一動機。因此，他們所傳承的經濟、社會、政治制度也繼續鼓勵人們自私，這讓人越來越難學習無私、信任的行為，即使這才是數百萬人本能上偏好的行為。

就拿我們為了計算經濟成長，而創造出來的測量系統來看：我們用國內生產總值（ＧＤＰ），測量一個國家在境內的某一個特定期間內，生產的所有商品與服務的貨幣價值。政府機關謹慎地計算GDP，然後透過媒體新聞廣為報導。它經常被視為判斷國家經濟制度是否成功的指標，有些執政當局甚至會因為GDP成長不足而下台。

然而，人類社會是一個綜合體，除了由GDP測量的經濟活動之外，還有很多其他的組成元素。因此，這個社會是成是敗，應該以綜合方式來測量，不應該只根據狹隘選擇的個人經濟資訊的總和。

GDP不能、也不可能代表所有事情的真相。那些不需要金錢交易的活動並沒有被納入GDP，也就是說，許多真實人最珍惜的事物都被視為毫無價值；相反的，花在戰爭的武器和其他傷害人類健康、破壞環境的活動，即使這些活動只會帶來痛苦，對人類的快樂毫無貢獻，卻全部被算入GDP。

GDP或許可以準確測量出資本主義人的自私行為，但它無法掌握真實人的成就。我們需要某些新的測量方式。或許，我們應該試著找出新的GDP測量方式，這個方法要「排除」對人類造成的傷害。這樣的GDP能夠減少傷害人類的行為，並避免潛在的後果，包括貧窮、失業、文盲、犯罪、暴力、種族歧視、欺壓婦女等等。的確，要準確定義並測量出這個新的「淨國內生產總值」，必須克服許多挑戰，但我們不應該僅僅因為困難就放棄這個構想。我們為什麼要接受一個測量標準，只因為它很容易計算，卻不管它導致我們對世界的經濟健全性做出不正確的評估？⑤

誤導性的測量系統只是有缺陷的經濟思維形成的各種問題中的一個徵兆。另一個徵兆就是，我們未能成功引導科技和社會的改變去造福全人類，而不是少數的幸運兒。過去五十年來，由於交通運輸、通訊與資訊科技日新月異，再加上各種政治與社會屏障逐漸減少，全球貿易和經濟整合有了重大的進展。照理說，全球化的新紀元應該引領人類進入一個新境界，一個屬於全球人類的大家庭，人們應該享受著更勝以往的親密、和諧與友誼；但在實際上，全球化也產生了強烈的緊張和敵意。它把人和國家置於互相對峙的位置，每一個人與國家都要努力強化自私的利益。內建在經濟理論的「零和」假定，鼓勵人們在經濟之戰中設法成為「贏家」，也就是要讓其他人成為「輸家」。導致的一個結果就是，民族主義、仇外心理、不信任以及恐懼情緒驚人地增加。

我們活在一個哲學悖論之中。許多經濟理論家、記者與專家，還有政治領導人不斷

---

⑤**作者注**　有許多研究實驗正在進行，以找出更新更好的經濟成長測量標準。可以參考斯圖爾特·沃利斯（Stewart Wallis）的著作“Five Measures of Growth That Are Better Than GDP,” World Economic Forum, April 19, 2017, https://www.weforum.org/agenda/2016/04/five-measures-of-growth-that-are-better-than-gdp/.

宣稱，自由市場資本主義是解決所有人類問題的最佳機制。然而，與此同時，我們的社會已經默認自由市場的缺陷，因此每年撥出數十億美元去補救。只可惜大多數的努力都收不到效果，因為財富仍然持續集中在少數人的手中，並對我們所有人都產生了痛苦的影響。

我們需要一種新的思維方式。

重新設計經濟引擎

在我們的內心深處，其實都已經看出，經濟理論家的舊夢如今已變成神話。現行的資本主義引擎製造的問題比解決方案還多，它需要一塊一塊重新設計，或者直接以全新的引擎取代。

因為有格萊珉銀行的經驗，所以我可以想像這個新引擎大概會是什麼樣子。當初我創辦這家銀行的時候，並不是抱著什麼遠大的目標，只是單純希望讓家鄉的村莊婦女過好一點的生活。但是過去數十年來，我逐漸意識到，自己參與的是重新設計經濟引擎的工作，並且正在真實世界裡試用這個新型引擎。我也很高興看到，它能如此有效地處理舊引擎所製造的問題。

重新設計經濟引擎有三個基本元素，首先，我們必須信奉社會型企業（social business）的觀念，這是一種建立在人類的無私美德上的新型態企業；第二，我們必須以新假設取代舊假設，假設人類是創業者而不是求職者；第三，我們必須重新設計整個金融制度，讓它能更有效率地為財富階梯底層的人服務。

數千名來自世界各國的人，已經加入建立新版本資本主義的努力；為了解決傳統資本主義製造的問題，除了在格萊珉銀行之後，我於孟加拉又成立的幾家社會型企業以外，全球各地也已經成立了數百家社會型企業。

在接下來的章節中，我會描述相關的經驗和學習，其中提供了全新經濟思維改變人類社會的巨大潛力。如果我們願意重新思考新古典經濟學潛在的假設，就可以發展出真的為真實人類需求服務的全新經濟制度，並創造出一個讓所有人都有機會實現創意潛能的世界。

2 創造新文明

——社會型企業的反經濟學

我們發現，即使財富集中問題已經受到越來越廣泛而深入的關注，但近幾年來，這個問題仍然在持續惡化中。許多國家的平民紛紛起而對抗現行經濟制度的財富不均。一些政治人物緊抓這個議題以吸引選票，遺憾的是，卻對移民和少數民族這些代罪羊族群產生怨恨和敵意，而這股財富集中的趨勢仍然不受控制。它能被擋下來嗎？或者，它是任何自由市場制度都避免不了的副產品？

我的答案很肯定。是的，它是可以被擋住的。沒有理由責備自由市場，該責備的應該超越這個範圍，也就是我們在資本主義理論中對人性的詮釋，這才是問題的根源。我們限制了哪些類型的人才可以上自由市場裡當玩家。今天，我們只允許那些以自私為導向的玩家進入市場。如果我們也允許以無私為導向的玩家進入市場，情況將完全改觀。

透過慈善捐助以及政府計畫這些老方法來處理財富不均，解決不了問題。人們可以跳脫傳統資本主義的心態，以行動來解決問題。他們要做的就是表達意願，參與成立以無私為導向的企業，也就是依各自能力解決人類問題的社會型企業。

這個簡單的行動能夠改變全世界。如果好幾百萬不同經濟地位的人，帶頭解決人類的問題，我們就可以減緩、甚至最終將財富集中的趨勢扭轉過來。如此一來，就能鼓勵企業貢獻經驗和技術，成立具有影響力的社會型企業；政府將制定正確的政策，鼓勵更多人和企業自發性的行動。如此一來，改變的氣勢就會變得銳不可當。

巴黎協定——人民的勝利

讓我舉另一個和財富集中問題同樣急迫、關係也非常密切的全球問題來做比較，那就是氣候變遷問題。

全球各地人士對於人為因素造成的氣候變遷所帶來的危機，越來越有感，就和人們對財富集中問題越來越憂心一樣。然而，氣候條件惡化的趨勢仍然在持續當中。

近年來，地球最高氣溫紀錄屢創新高，北極的海冰含量卻屢創新低；海平面持續上升，極端氣候變得越來越普遍。這些改變都在靜悄悄中發生了，因此未能得到應有的關注。

許多氣候運動人士費盡心力，嘗試以公眾示威，或透過與新聞媒體溝通的方式，吸引社會大眾與決策人士關注這個問題。絕大多數的科學家也參與研究。他們一再向全球呼籲，如果我們不注意這個令人憂心的重大事件，不用多久我們就會走到沒有退路的地步，到了這個引爆點，所有自然制度導致的「正向回饋」，將使這股嚴重的毀滅性趨勢，變得難以挽回。①全世界各地的普通老百姓，尤其是年輕人，多年來從事各種運動，為的就是要讓他們的政府正視這場全球性的大災難，並且採取行動加以阻止。

經過多年努力，終於讓各國政府在二〇一五年做出了具體行動。

二〇一五年，在通稱為COP21（Conference of the Parties 21）②的巴黎氣候會議（Paris

①**作者注**　Mark Kinver, "Earth Warming to Climate Tipping Point, Warns Study," BBC News, November 30, 2016, http://www.bbc.com/news/science-environment-38146248.

②**譯者注**　國際氣候談判是基於一九九二年在巴西里約熱內盧簽署的《聯合國氣候變遷綱要公約》，簽署國同意聯手處理氣候變遷問題。最高權力決定機關是「參與國大會」（Conference of the Parties），簡稱COP，每年開會一次，巴黎會議是第二十一次，因此得名。

Climate Conference）中，來自全球各地的代表第一次意見一致，同意共同制定一個具體架構，限制、降低導致全球氣候變化的主因，也就是溫室氣體的排放率。二〇一五年十二月，《聯合國氣候變遷綱要公約》（UNFCCC）的一百九十五個會員國達成共識，簽署了《巴黎協定》（the Paris Agreement）。

COP21的結果讓我既感動又深受啟發。相信氣候變遷的人與不信的人，經過長達四十年的對抗之後，相信者終於獲勝。盡心盡力的科學家和運動人士，終於說服全球各地的人們相信，地球正面臨重大危機，必須靠大家通力合作，才能防止災難發生。因此，各國不論大小，不管貧富，共同簽署了這份具有法律約束力的合約，希望能保護地球從迫在眉睫的氣候災難中脫身。

在這場勝利中，許多國家的政治領導人扮演了重要的角色。但更重要的是，對而我言，《巴黎協定》是由意志堅定、不達目的絕不放棄的運動人士所領導的一次人類的勝利。

通常，我們看到的是政府在政策背後動員民意。但是在全球暖化這個議題上，情況則是相反，是由各國公民動員政府。成千上萬的運動人士投入這場艱難的奮鬥，讓政治人物、企業領袖以及國人同胞看清，氣候變遷是真實、嚴重但可以阻止的災難；數百萬人原本只是旁觀者，後來也逐漸成為運動人士。他們把票投給支持為氣候變遷採取行動的政治候選人。設有綠色論壇的政黨開始贏得當地和全國性的選舉。即使在巴黎氣候會議期間，仍有數十萬民眾在世界各國參與遊行活動，他們團結起來要求一個使用乾淨能源的未來，以保護他們所愛的一切。③這些行動形成一股壓力，讓政治人物放下歧見，為共同的利益而行動。

然而，氣候變遷的問題離解決之日尚遠。石化能源企業，以及其他單純為了自私理由而反對改變的組織，製造了巨大的阻力。美國選出唐納·川普（Donald Trump）這位宣稱要讓美國退出《巴黎協定》的總統，就意味著這場與「任性無知」的對抗戰，還會持續下去。但至少現在勢頭（momentum）總算是偏向正確的一方了。

COP21讓我滿懷希望，期待民眾運動真的可以動員這個世界，為克服另一次即將來臨的災難做好準備。氣候變遷與財富集中這兩個問題，都對人類社會的未來造成嚴重威

---

③**作者注** Megan Rowling and Morag MacKinnon, "'No Planet B,' Marchers Worldwide Tell Leaders Before UN Climate Summit," Reuters, November 29, 2015, http://www.reuters.com/article/us-climatechange-summit-demonstrations-idUSKBN0TI00720151129.

脅：前者對生活在這個星球上所仰賴的自然制度造成有形威脅；後者則是在社會、政治以及經濟上，對所有人類生活的尊嚴、自由、和平，以及追求比生存更高的目標的權利，造成威脅。川普的勝選，突顯出兩者之間的內在連結：覺得自己被經濟制度犧牲的人心中高漲的怒氣，促成了川普的勝選，連帶地對《巴黎協定》的未來也造成了威脅。

如果社會各界的公民可以集體努力，並由一群有決心的科學家與活動分子來領導，就能改變有關氣候變遷的輿論，並強迫政治領導人採取行動，我相信，我們能循著相同的途徑，激發出必須的力量，以保護人們不會陷入財富越來越集中的危險。

極度的財富集中，並非人類生來就無法改變的命運。既然是自己製造出來的，就有辦法靠自己解決。我們集體被蒙蔽的心靈，讓我們看不見將我們推向無可避免的社會爆炸的那股力量。我們應該努力排除心靈的障礙，必須挑戰把世界帶向災難的現行體系。

截至目前為止，大部分試圖降低財富集中問題的努力，都專注於財富重分配，也就是藉由累進稅制，以各種轉移支付（transfer payment）④的計畫，把頂層的財富轉移到底層。

遺憾的是，民主國家想要藉由財富重分配方案，達到任何重大成果，幾乎是不可能的。因為，最富有的、也是政府最應該課重稅的那群人，也掌握了政治權力。他們運用不成比例的影響力，限制政府採取任何可能妨礙他們利益的有效步驟。

真正的解決方法要治本，不是治標。我們必須重新設計社會的經濟架構，從原先單純追求個人利益的制度，轉向個人和集體利益都同樣受到重視、提升、讚揚的制度。

格萊珉銀行：重新思考金融制度

為了建立更平等的社會，必須重新設計我們的經濟架構，這個想法聽起來或許很不可思議。但我知道它是可行的，因為我可以看到它正在發生。

我所有重新設計新經濟架構的經驗，都始於格萊珉銀行。格萊珉銀行之所以存在，是因為種種外在因素，促使我進行了我原本一無所知的事。我曾經在之前的著作《窮人的銀行家》（*Banker to the Poor*）以及《富足世界不是夢：讓貧窮去逃亡吧！》（*Creating a World Without Poverty*）提過這個故事。但是因為你可能還沒讀過那些書，也因為這個故事和我所要表達的經濟重新設計有直接關聯，所以，請容我在此簡要說明格萊珉銀行成立的

④**譯者注**　包括養老金、失業救助金、農產價格補貼等，不是爲了購買商品或勞務而支出的款項。

故事。

孟加拉在一九七四年發生了嚴重的飢荒，我和許多人都想做一些事，解決嚴重困擾這個國家的貧困問題。我在我教授經濟學的喬布拉村臨近地區種植灌溉作物，因此認識了當地居民，也看到了貸款方式對村落的衝擊。很快地我就發現，放債者對貸款人的要求之嚴酷，差不多就像把貧窮村民當成奴隸那樣。為了幫助村民，我開始自掏腰包借錢給他們，這就是後來成立格萊珉銀行的開端。

我對銀行運作既無經驗也無相關知識，所以不得不研究傳統銀行，學習它們的運作模式。但是因為他們的方法已經證明，無法幫到喬布拉村的窮人，我當然不能直接模仿。相反地，每當我學到傳統銀行是怎麼運作的，就反其道而行。結果，我所創辦的這個機構，就成了傳統銀行的對照版。

傳統銀行喜歡設在大城市，因為企業和富人都把辦公室設在那裡；格萊珉銀行卻設在孟加拉的小村落（事實上，格萊珉銀行的名字在孟加拉文的意思就是「鄉村銀行」）。

傳統銀行的所有人和管理者都是富人；格萊珉銀行的所有人大部分是貧窮的婦女，同時也是銀行的顧客；並由貧窮婦女組成銀行的董事會，決定銀行的政策。

傳統銀行主要服務的是男性，在孟加拉更是如此；格萊珉銀行則主要服務女性，讓她們有能力成為創業者，連帶讓她們的家庭脫離貧困。

傳統銀行認為窮人的信用度不夠；但格萊珉銀行有史以來首度證明了窮人，特別是貧窮婦女，具有高信用度。事實上，窮人的貸款償還率甚至高於大部分富有的貸款人。

傳統銀行借錢要看抵押品（由貸款人提出資產以確保還款能力），還得簽署由律師研擬的嚴格法律合約；格萊珉銀行既不需要抵押品也不需要律師。我們已經發展出一套完全靠信任來運作的銀行制度。

格萊珉銀行發展出來的銀行制度，被稱為微型貸款，目前已經逐漸在全球各地普及，主要透過非營利、非政府機構（nongovernmental organization, NGO）來推動。近年來，因為微型貸款的成功，主要發展機構包括世界銀行（World Bank）、國際貨幣基金組織（International Monetary Fund, IMF）以及聯合國，都表示有興趣推動更多類似的金融方案。漸漸地，他們也勉強接受了我們的論點，相信窮人可以、也應該被納入經濟制度之中。

可惜，目前試圖擴大銀行制度包容性的做法，大部分只是鼓勵傳統銀行提供有限、而且通常成本很高的金融服務給窮人。這些做法的失敗告訴我們，銀行真正的包容性不可能透過現行的傳統金融機構來達成，因為，建立這些機構的原則和運作模式，把幾乎一半的地球人口都排除在外了。

有錢人的銀行原本就不是設計來服務窮人的。礙於上級的壓力，他們可能會做做樣子，但這些業務甚至不到他們整體業務的一%。這世界上沒有享受到銀行服務的人，需要一套真正的銀行制度，而不是幾個小小的、被拿來做為公共關係宣傳手段的計畫案。

推動微型信貸，讓我開始質疑銀行制度根本上的問題。我發現，真實的人類，比現行銀行制度的假設基礎，也就是古典經濟理論中所假設的人類，要偉大得多了。格萊珉銀行的微型貸款構想能在全球各地蓬勃發展，是因為非政府機構願意採用。但是，非政府機構並不具備適當的法定權力，以填補現行金融機構留下來的經濟真空。有待填補的空間，需要一套特別設計的金融制度，為那些得不到銀行支援的人，提供各種專為他們設計的服務，而非只是透過傳統機構提供微薄的貸款，那完全解決不了根本問題。

目前的金融機構就是財富得以集中並聚集動能的管道，只會使未來的財富集中問題更加惡化。如果我們認真想要減緩財富集中的趨勢，就必須對金融制度做兩件事。首先，我們必須重新設計現行的銀行制度，讓它不再是助長財富集中的機器。第二，我們必須另外建立一套金融機構，為窮人提供金融服務。格萊珉銀行是由窮人持有大部分的股份，並由窮人設計出符合他們需求和利益的服務內容，正是這種全新銀行制度的範例。

格萊珉銀行和貧窮婦女的合作，成為我後來深入思考整個經濟制度的發現之旅的第一步。在成立格萊珉銀行之後，我又陸續創立了許多新措施以放寬這套制度，讓它更能被所有人運用。

社會型企業以及邁向經濟新架構的第一步

當我設法為窮人提供銀行服務的同時，也發現了窮人許多其他的問題。我試著一個一個解決這些問題。通常我解決一個問題的方式，就是成立一家新的公司。這個方法對我而言很合理，因為成立公司的目的就是為了達到具體的目標，也就是為有需要、有欲望和會為此付費的人，提供商品和服務。創辦公司的人，以及為這家公司工作的人，通常都很清楚自己想要成就什麼。我就是要用這種精神，努力解決人們的問題。

漸漸地，成立新公司變成了我的習慣。每當我遇到問題，就成立一家公司來解決。很快地，我已經創立了許多公司，以及類似公司形式的獨立計畫，為窮民提供商品和服務，其中包括住宅、衛生設施、平價醫療照護、可再生能源、營養改善、乾淨的飲用水、護理教育，還有其他許多項目。

剛開始創辦這些公司時，我心中並沒有什麼宏大的願景，只是單純想為我所服務的窮人，解決最嚴重的問題。然而，時間一久，我所創設的各家公司，逐漸顯現出一些共同特質：藉由銷售商品和服務產生利潤，它們都是能夠自給自足的公司。我必須這樣做，否則資金很快就會用光，那就幫不了任何人了。雖然，這些公司產生的利潤比花掉的多，我仍然要確保，沒有人可以從中謀取私人利益。畢竟，我的目標是幫助窮人，而非追求股東獲利。因此，提供資金幫助窮人開辦公司的投資人，除了可以拿回最初的投資金之外，就沒有別的利潤了。在所有投資資金都償還給投資人之後，這家公司所賺取的任何利潤，將會再投入公司，以改善和擴充業務，這樣才能讓更多窮人受益。

後來我才意識到，我的實驗已經引領我開創了一種新型態的企業。我把它稱為**社會型企業**（Social business）。我對社會型企業的定義是：致力於解決人類問題的非私人公司。這個概念並非來自於理論或推測，而是來自我和當時地球上最貧窮的國家之一的村民，一起解決艱難的社會問題，所得到的實際經驗。

這個結果讓我非常震驚。我發現，藉由創辦一家設計成公司、以提供有需要的人福利為唯一使命的組織，解決人類的問題竟然變得意外地簡單。

最初我感到很奇怪，之前怎麼沒有人想到這種社會型企業的概念。為什麼我們把解決社會問題的挑戰，完全留給政府和慈善團體？答案就在於經濟理論只給企業一個、也是唯一的目標：產生利潤和個人財富。但我發現，這個同樣的工具，也可以用在完全不同的目的上，也就是解決人類的問題。而且我發現，它對於這個任務的效果特別強大。突然間，在讓世界變得更美好的理想背後，企業所有的創新力量都可以整合起來。

就更基本的層面來看，經濟理論上的盲點，可以往回追溯到另一個盲點，也就是經濟理論中關於人性的假設：商業人士應該以個人利益為唯一追求。俗語說「在商言商」，利潤是企業存在的唯一目的，而這一點應該足以滿足所有企業主的願望。

然而，人類並非賺錢的機器。人類是多面向的生物，同時具有自私和無私的一面。我創辦的社會型企業，可以讓我性格中無私的一面，透過企業呈現出來。如果以傳統的思維來看，這是不可能的，無私不應該是商業世界的一部分，只能在慈善世界裡表現出來。但為什麼？為什麼商業世界不可以是一個沒有偏見的遊樂場，允許自私和無私同時存在？為什麼經濟學教科書上，不應該把這兩種型態的企業都教給學生，其中一種是傳統以私利為導向的企業，一種是以無私為導向的社會型企業？然後讓年輕人自己決定要追求哪一種，或是在人生的不同階段，或甚至同時兩種都做做看。

從我開始談社會型企業，到現在的數十年之間，這個概念已經從一個只有幾家孟加拉境內的公司做例子的模糊想法，變成世界性的運動，在全球各國都有擁護者和實際的從業人員。大學陸續開設社會企業中心，以研究、發展並傳授這個概念。跨國公司相繼成立社會型企業的獨立公司。數千名青年受到這個想法啟發，紛紛創辦社會型企業等新事業，以解決自己社區的社會問題。

為了鼓勵這樣的發展，我和一起從事社會型企業運動的同事設立了基金會，提供種子資金，協助有潛力的創業者實現他們的夢想。年輕人想出聰明的社會型企業構想，我們就投資他們的公司，並提供專業的教練和指導，協助他們達成經濟自主。一旦他們成功了，就向我們買回投資股份，完全不需要提撥任何利潤給投資人。由此，釋出的資金又可以幫助其他人成立另一家社會型企業，然後再幫助另一個，以此類推。

另外，我們也成立社會型企業基金，提供資金給失業青年，幫助他們成為自給自足的創業者，也就是成為創造工作的人，而不是找工作的人。現行的傳統銀行以及金融機構，缺乏類似的設計以滿足這樣的需求，他們也無意同沒有抵押品、也沒有信用紀錄的失業青年打交道。這就是為什麼需要設立特定基金來達成這個目的的理由。現在，有許多年輕人選擇和我們的基金會合夥，以成立他們的傳統型企業。等到要脫離合夥關係時，社會型企業基金會拿回投資金額，但不加計利息、不分享利潤，只另外加上固定金額的轉讓費（transfer fee），以分攤行政成本。我們發現，在提升個人、家庭，以及整個社群脫離貧困上，提供創業資金的社會型企業基金是一種很有力的工具。

我們在孟加拉成立了Nobin Udyokta（New Entrepreneurs，新手創業家）計畫，許多人簡稱為諾賓計畫（Nobin program）。有意參加的年輕人，只要提出一份公司構想（business idea）就可以。如果他的營運計畫書（business plan，又譯商業計畫書）通過審核，這名年輕人就可以得到一筆資金，來創立他的私人營利公司。諾賓計畫參與者創辦的公司不一定要是社會型企業（如果他們願意也可以）。對我們而言，我們成立的社會型企業創業基金，本身就是一種社會型企業。它們在財務上能夠自給自足，除了歸還最初投資的金額之外，所產生的利潤不會落入任何一個公司所有人或投資人的口袋。

如今，我們的社會型企業基金，每個月核准的企業提案，平均為一千件。想想看，這表示每個月都有一千名失業的鄉村青年蛻變為創業者！而且，我們預期在二〇一七年間，這個數字會成長將近一倍，變成每個月二千件左右。

有關這個新手創業家計畫的運作內容，我會在本書稍後的部分再做更多解釋。現在，我想先強調的是，這個計畫會成功是自然的，原因來自於我們經營格萊珉銀行之後的一個最重要發現。這個發現就是：每個人都具有與生俱來的創業能力。

創業能力是人類共有的ＤＮＡ。在這個星球上，我們先是以獨立的狩獵者和採集者身分開始生活，從周遭世界提供的富饒資源中，尋找自己的謀生之道。即使到了今天，找方法以維持自己生活的能力，仍然潛藏在每個人身上。

主流經濟模式的一個致命瑕疵，就是它的假設。它假設政府和企業是工作的創造者，因此也是推動經濟成長的唯一力量，以致人們不得不被迫依賴工作、政府或公司。如果想要克服這個瑕疵，最基本的方法就是支持創業。我認為，已開發國家的青年，也能以像孟加拉青年一樣的方式成為創業者。關鍵是要設立一些金融機構，以友善可親的方式支持他們的新創事業。

創業家的反經濟學

從社會型企業目前的發展和成長，我們可以看出，除了這個已經在近代歷史中主導大部分人世界觀的、不完整的傳統經濟制度之外，我們還有別的選擇。只要將主流經濟思維中的兩個基本假設，以社會型企業揭露的新事實取代，一個全新的、更完整、更正確、更有效果的反經濟學（countereconomics）就出現了。

首先，我們必須取代的假設是人類天生自私，所以自私是所有經濟成長的核心動力，取而代之的新假設是人們兼具自私與無私，因此經濟活動也包括這兩種動機。

其次，我們需要換掉的假設是，幾乎所有人生來就是要把生命花在為別人工作。新的假設則是人類是天生的創業家，具有無限的創造能力。

轉換思維之後，我們就可以欣賞新經濟思維的威力，看它如何解決現行經濟架構下所產生的問題。我們可以利用社會型企業，解決長久以來存在的弊病，包括貧窮、飢餓、疾病、環境惡化，以及其他許多問題。此外，我們也可以為數百萬名失業青年創造機會，把他們當成創業家，讓他們可以適當發揮被浪費掉的才能。

社會型企業的重點在於運用創意，以永續的方式解決人類的問題。就像最初在孟加拉開始，之後引領全世界的微型貸款，讓人們逐漸習慣以信任為基礎的銀行制度；我們為失業青年設立的新手創業家計畫，也將為世界各地的正向改變，鋪設一條新的道路。

不管住在何處，失業青年主要尋求的是一份能夠維生的基本收入。但他們也壓抑著一份追求生命意義的渴望。幸運的是，這一代的年輕人處於一個相當獨特的位置，一旦不必再為基本生存而汲汲營營，他們就很容易轉而追求生命的意義。因為這一代年輕人掌握了科技。由於不可思議的高科技經濟，即使住在亞洲、非洲和南美洲偏遠村落的青年，都可以取得智慧型手機以及其他行動裝置前所未有的訊息處理能力。這使得他們很可能成為人類史上最有力量的一代。他們從小接觸觸控式螢幕、遙控器，以及各種行動應用程式，讓他們得以做任何想做的事。他們可能還沒意識到自己掌握的力量有多大，但他們已經感受到讓不可能的事實現的潛力。

今天正在崛起的這一代，來自全球各個都市、城鎮、郊區、村落的數億青年，不管是從孟加拉到巴西、阿爾巴尼亞到海地、印度到愛爾蘭、日本到美國，都有改變世界的才能、活力、智力、理想與慷慨。這些年輕人有能力創造出一個新的文明，並脫離貧窮、失業以及環境惡化的陰影。我們現在必須做的，就是創造一個新的經濟制度，幫助他們解放自己的力量，讓他們得以發揮潛能。在本書接下來的章節，我會說明這個新經濟制度大概會是怎樣；另外，我會描述其中一些充滿希望的徵兆，顯示這個新制度已逐漸成形。

第二部

三零任務

3 零貧窮

——終結所得不均

一提到創業（entrepreneurship），你會想到什麼？或許你會想到美國加州的矽谷，那裡有多到數不清的高科技產品製造商、應用程式開發商以及軟體公司。或者，你會想起快速成長的生物科技、機器人技術以及電腦中心，像是麻州的波士頓、澳洲的雪梨、印度的班加羅爾；或是加拿大的溫哥華。

你大概不會想到西非國家烏干達。但是，根據全球創業觀察組織（Global Entrepreneurship Monitor, GEM）在二〇一五年的一份報告，烏干達在全球創業率最高國家中，名列第一。①報告中指出，過去三年半之間，有超過二八％的烏干達人口投入創業，比起美國（四．三％）高出六倍多。其他的研究則估計，八〇％以上的烏干達人，在一生中至少會創業一次。

如果你對這個數字感到驚訝，可能是因為你對創業的概念有太多限制了。不是非得擁有工程或電腦科學的學位才能成立一家公司。很多創業者一開始是開一家小店、買一頭牛或羊，或用一輛車就開始了計程車服務，或是把一些手工物品拿出來銷售。和矽谷的成功創業家一樣，他們也是把自己的時間和資源，投資在一家他們相信的創意想法所成立的公司上。經過一段時間，如果成功了，他們可以擴大規模，創造工作機會，產生財富，並促進當地經濟的發展。

像很多開發中國家一樣，這正是烏干達國內數百萬小型企業正在做的事。在這個過程中，他們也逐漸幫助自己的國家和人民擺脫了貧窮。他們為我所提倡的新經濟架構的一項基本原則，做了很好的示範，這個原則就是：全人類都有創業的技巧與本能，並不限於少數人才有。而且，烏干達並非唯一的例子。在全世界許多新興國家，都可以發現經濟底層中爆發的創業力。可惜的是，沒有任何國家提供相應的支援制度，包括烏干達在內，即使有那麼多的人有那麼強大的創業本能，現行的經濟制度還是對這股經濟自由文化的發展造成了妨礙。

烏干達是全球七個設有尤努斯社會型企業（Yunus Social Business, YSB）的國家之一。YSB是一個致力推廣社會型企業概念的非營利組織，從事訓練、支援有志成立社會型企業的開拓者，並與有意成立投入社會型企業的公司或部門的集團與企業領導人合作。藉由協助ＹＳＢ所在地的國家，發展出的新經濟部門，ＹＳＢ一直在推廣能夠自給自足，而且能夠為貧窮、失業、環境惡化提出解決方法的公司。因此，它正在協助建立一套我們亟需的新經濟架構，以填補傳統資本主義不完整的架構。

關於它如何運作的一個簡單有力的例子，可以看看ＹＳＢ所協助發展的一家社會型企業，就是總部設在烏干達首都坎帕拉的金蜜蜂（Golden Bees）公司。

農業是烏干達的主要產業，不管是供應內需或外銷，都占任何經濟部門ＧＤＰ的絕大部分。但是，村落裡的小農缺乏管道，很難把生產的商品行銷到國內各地以及國際市場，也因此限制了他們的收入，要讓家庭和社群的生活高於僅能糊口的水平，也就益加困難。

最有前景的一個成長部門就是養蜂。蜜蜂所生產的蜂蜜，是非洲最受歡迎的商品，許多食品都會添加蜂蜜做為增甜劑，是家家戶戶廚房裡的經常用品。蜜蜂的衍生商品種

---

①作者注　Rachel Savage, "The Most Entrepreneurial Country in the World Is... Uganda?" *Management Today*, June 25, 2015, http://www.managementtoday.co.uk/ entrepreneurial-country-world-is-uganda/article/1353317.

類繁多，有些甚至比蜂蜜本身的利潤更高。像是蜂蠟，是許多化妝保養品及保健食品的主要成分；取自蜂針的蜜蜂毒液，也廣泛使用在醫療上；還有蜂巢蠟脂，也稱為蜂膠，這種樹脂狀的物質也被現代研究人員積極研發它在醫療上的可能用途。

金蜜蜂是一家社會型企業，成立宗旨是協助烏干達數千名小農進入養蜂產業。做法是先把養蜂需要的商品及服務銷售給農夫，接著指導、訓練農夫養蜂的相關技術，再把蜂農生產的產品收集起來加工，並且幫他們行銷。透過商業活動所產生的收入，使金蜜蜂公司能夠維持運轉；如果有任何利潤，就投入公司擴充規模，讓公司提供的服務能幫助到更多農夫。

到了二〇一六年年中，金蜜蜂已經建立了一個超過一千二百名農夫組成的網絡，同時還有數百名小農等著接受公司的訓練和設備。蜂農中規模最小的只有三個蜂巢，最大的則高達五百個。公司在鄰近首都的養蜂區經營了三家小店鋪，專賣蜂蜜和相關產品（產生的利潤用來支付員工薪資）；為當地蜂農提供訓練和諮詢支援；銷售蜂箱、避免蜂農在採集蜂蜜時被叮螫的養蜂裝備，以及其他相關商品。店鋪也是蜂蜜和其他產品的收集中心，方便小農將商品送到金蜜蜂加工。

目前在坎帕拉，有大約八十家的超市組成連鎖銷售網，專賣金蜜蜂所出產的蜂蜜和相關產品。更可喜的是，公司正積極開拓國內各地及國際市場的銷售網絡。蜂蠟的訂單開始來自中國、日本還有丹麥；全球各地的製藥實驗室也在尋求烏干達的蜂膠。為了供應市場需求，金蜜蜂也積極改良產品品質，以符合國際大廠嚴格的品質要求。這是光憑一個或一小群小農，無法應付的另一個任務。

金蜜蜂的故事是一個很好的例子，說明創業的力量能夠幫助窮人，甚至幫助整個社群，擺脫貧困的處境，也能為生活已經高於貧窮線的家庭，提供非常需要的額外收入。對於按照自己資源的規模，成立與維持一個可以賺錢的養蜂事業，烏干達的農民原本就具備了必要的決心、智力以及工作倫理。但是要連結上國內與國際市場，他們就缺乏必要的工具與資訊以及公司架構。金蜜蜂提供蜂農缺乏的一切，其他的就交給他們自己。由此可以看出，新型態的企業能釋放一個人的創業力，他們將靠著自己的創意和努力，讓自己和社群擺脫貧窮。

現行經濟制度的三大失敗

對於持續的貧窮、失業和環境惡化，我們已經忍受太久了。我們以為那是一種自然災害，人力無法控制；或是，說好聽一點，那是經濟成長在所難免的代價。然而事實並非如此，這些都是現行經濟制度的失敗。既然這樣的經濟制度是人類創造出來的，這些失敗就可以被更正，只要人類決定以一種更能正確反映人類天性、人類需求以及人類欲望的新制度，來取代有缺陷的現行制度。

請記住，現行資本主義的核心問題，在於它只認得唯一一個目標——自私地追求個人利益。因此，只有根據這個目標設計的企業，才能受到認可，得到支援。然而，在世界各地，有數百萬人卻積極追求不同的目標，包括消除貧窮、失業以及環境惡化問題。其實，只要我們設計企業時，把這些目標謹記在心，就可以大幅減少這三個問題。這時候，社會型企業就扮演了關鍵角色。

社會型企業所提供的優勢，既不是給追求利潤最大化的公司，也不是給傳統的慈善事業。少了來自於追求利潤的投資人的要求，以及追求利潤的壓力，使得社會型企業在一些現行資本主義市場行不通的地方，也能存活，尤其是那些投資回報率幾近於零、但社會回報率卻相當高的領域。同時，因為社會型企業被設計成能夠產生收益，因此可以自給自足，不需要經常性地吸引新的捐款以維持營運，就能避免耗費許多人的時間和精力在非營利的活動上。

因此，社會型企業的經濟模式不僅可以很簡單，還能永續經營，在開發中國家和富裕國家中的許多成功實驗，已經說明了這一點。

我們所處的這個時代，特別適合進行這些新型態企業的實驗，因為在放大個人創業力上，資訊和通信等電子科技可以發揮重大的作用。一個社會型企業的創辦人，設計出能夠幫助窮人或有益社會的產品或服務後，透過社群網路以及其他網路工具，能夠把資訊散布到全球，吸引更廣大的市場。透過網路，好的點子可以散布得更快，已經證明成功的商業模式也比以往成長得更快、更容易。健康照護、教育、行銷、金融服務，以及更多其他的經濟領域，透過社會型企業和科技結合所產生的力量，可以產生革命性的轉變。

看到這些新的經濟觀念在許多創業家、企業領袖、學界人士、學生以及政治領袖的共同努力之下，在全球遍地開花，實在令人興奮。現在正該運用社會型企業的潛力，解決財富不均、失業以及環境崩壞等等，所有因為資本主義破敗的引擎所造成的病症。

為了未來的世代，我們應該開始朝一個三零世界——零貧窮、零失業、零淨碳排放——邁進。我們需要一個新的經濟制度，其中社會型企業將扮演至關重要的角色，幫助我們達成三零任務。

猛然醒悟：資本主義的危機如何激化貧窮問題

部分由於知識、科學與科技（尤其是資訊科技）革命的助長，全人類如今正活在一個空前繁榮的時代。繁榮改變了許多人的生活，然而同時間仍有數十億人深受貧窮、飢餓和疾病所苦。就在過去十年，幾個重大危機共同產生的影響，為活在底層的四十億人口，帶來更大的悲慘遭遇與挫折。②

很少人預見到這些危機。滿懷希望和理想主義的夢想，拉開了二十一世紀的序幕，並概括在由聯合國發起的千禧年發展目標（Millennium Development Goals, MDGs）中。我們很多人都相信，在未來的數十年中，我們將迎接前所未見的財富和繁榮，而且不只是少數人才能享有，而是住在這個星球上的人都行。

我在本書稍後的章節中會討論，在這場對抗貧窮的戰役中，MDGs的設立的確帶來了大幅進展。令人傷感的是，二〇〇八這一年將會被載入史冊，因為在這一年，人們終於猛然醒悟，看出資本主義制度的嚴重弱點。糧食價格危機、油價危機、金融危機，還有持續惡化的環境危機，都在這一年爆發。在這些危機的綜合影響下，人們原以為自己已經充分了解並掌控了全球制度，如今卻信心盡失。這些危機也讓MDGs那些充滿希望的承諾無法兌現。

讓我們從糧食危機開始看起。二〇〇八年初，聯合國世界糧食計畫署（World Food Program, WFP）報告中揭露了一個可怕的新聞：在七十八個國家中，超過七千三百萬人面臨糧食配額下降的問題。頭條新聞中報導的，是我們以為不可能再次經歷的事：穀類和蔬菜等主食的價格飆升（光是小麥價格就比二〇〇〇年時漲了二〇〇%），許多國家都面臨糧食短缺，因為營養不良而死亡的人數也節節攀升，甚至因為糧食問題而發生暴動，也因此威脅到世界各國的穩定局勢。

二〇〇八年六月，全球糧食價格達到高峰。之後，價格持續波動，在二〇一一年再創新高。二〇一六年價格小幅下跌，數百萬人得以短暫喘息。然而，糧食價格長久居高不下，已經對窮人的生活產生巨大壓力，因為，光是花在基本維生糧食上的費用，就高達他們收入的三分之二。③

---

②**作者注** 接下來有關食物、能源、環境，以及經濟危機的討論，部分摘自穆罕默德·尤努斯的演說內容〈Adam Smith Lecture at Glasgow University〉，演講日期是二〇〇八年十二月一日，http://www.muhammadyunus.org/index.php/news-media/speeches/210-adam-smith-lecture-at-glasgow-university.

為了避免糧食危機產生最壞的結果，緊急方案也的確起了一些效果。然而，為了防止糧食短缺造成立即效應，以及避免飢荒擴大，必須採取短期紓解方案，一樣重要的是，我們必須回頭檢視，造成今天危機的種種因素。我們必須思考世界經濟如何演變，特別是糧食生產和分配制度的演變，為什麼會讓我們陷入今天的困境。或許，我們會驚訝地發現，已開發世界的經濟、政治、商業運作，對其他貧窮國家的糧食供應竟會產生如此深刻的衝擊。因此，要解決全球糧食問題，就需要重新設計全球的架構，光靠當地和區域性的改革是辦不到的。

我們目前所面對的挑戰，其實有其歷史淵源。五〇年代和六〇年代的綠色革命（Green Revolution），使亞洲和拉丁美洲的農作物產量增加，許多原本仰賴進口的國家也變得能夠自給自足。飢荒和營養不良的比率明顯下降。因為「綠色革命」而增加的穀物產量，也被視為解救高達十億人生命的英雄。

然而，今天一連串相互關聯的趨勢，已經部分扭轉了綠色革命創造的成果。部分問題來自過去三十年糧食市場全球化的方式。我是自由貿易堅定的擁護者，我相信鼓勵人與人之間、國與國之間交換商品和服務，長遠看來將會為所有人帶來更大的繁榮。但是就和所有市場一樣，全球市場也需要合理的規則，確保所有的參與者都有機會從中受惠。

可惜，今天的全球市場只是部分自由的市場，其中存在許多限制和扭曲，已經為貧窮國家帶來毀滅性的後果。這種半自由所造成的不平衡，扭曲了市場，提高了價格，甚至摧毀了曾經以糧食過剩而自豪的貧窮國家農業。④

包括美國在內的有些國家提供乙醇補貼，就是這類問題的一個例子。為了部分取代汽油中的化石燃料，政府以補助的方式，鼓勵種植玉米和大豆。在油價一桶只有二十美元的時候，這樣的補助算是有點道理。政府計畫以生質燃料做為部分替代品，以取代價格相對較便宜、產量豐富的石油，而補助的用意是為了讓這個計畫在經濟上可以運作。效果果然如同預期的一樣，二〇〇七年，美國境內四分之一的玉米作物，全都被用來製造乙醇。

③ **作者注** “World Food Situation: FAO World Food Price Index,” Food and Agriculture Organization of the United Nations, February 2, 2017, http://www.fao.org/worldfoodsituation/foodpricesindex/en/.

④ **作者注** 舉例來說，歐盟採取的農業政策，對拉丁美洲和非洲國家的農夫就造成了危害。詳見“Making the EU’s Common Agricultural Policy Coherent with Development Goals”, Overseas Development Institute briefing paper, September 2011, https://www.odi.org/sites/odi.org.uk/files/odi/assets/publications-opinion-files/7279.pdf.

但是，當油價超過五十美元一桶時（二〇一七年初就是如此），同樣的補助就站不住腳了。而且，像埃克森美孚（ExxonMobil）這種高獲利的大企業，還持續享有產油補助，也並不合理。上述兩項補助都會扭曲市場，導致意想不到的生態、社會和經濟上的惡果，因此應該盡快取消。否則，將會繼續直接或間接帶動基本糧食價格的上揚，也將促使耕地和其他農業資源從生產糧食轉為生產能源之用。

此外，肉類的需求量增加，也助長了糧食價格結構的扭曲，使全球糧食短缺的問題更加嚴重。全球最貧窮的幾個國家能夠越來越繁榮，的確是件美好的事。過去三十年，數百萬人得以掙脫貧困，的確要歸功於越來越開放的自由市場和科技發展，以及微型信貸之類的計畫，讓原本被排除在資本主義之外的人，有機會獲得投資的資金。

但是，繁榮也帶來了挑戰。中國人的平均肉類攝取量從一九五八年的每年二十公斤，到現在增加到五十公斤以上（略低於美國大約五十七公斤的平均值）。⑤ 類似的情形也出現在其他大國，像是印尼和孟加拉。不只是因為在這些國家裡，買得起肉的人數越來越多，也因為他們轉向肉食（捨棄傳統低肉比率的飲食），這是他們適應「現代」生活的一種表現。

不幸的是，相對而言，對於自然資源的使用，肉食是比較沒有效率的。肉類能供給的營養卡路里，遠遠低於直接攝取穀物所能吸收的卡路里數量。可是在今天，越來越多的穀物和糧食被拿來餵牛，而不是餵人。根據估計，高達三分之一的全球穀物產量，以及三分之一的全球漁獲量，是用於餵養家畜。而且，越來越多的植物耕地從生產人類的糧食，轉為種植餵養牛隻的穀物。

這些改變，使得人類維持生命的過程中，增加了好幾個成本很高的步驟。不正常的農業選擇，例如把土地用途轉為乙醇和肉類生產，也使得基本糧食變得越來越昂貴。

還有其他因素，使得開發中國家的糧食問題更加惡化。其中之一就是貧窮國家的農人，在競爭日益激烈的國際糧食市場中，越來越沒有競爭力。事實上，開發中國家的小農因為必須和已開發國家的大型生產商競爭而飽受煎熬。到目前為止，這是一場一面倒的戰役，也已經帶給貧窮的農夫毀滅性的傷害。

企業增強對農業資源的控制，也對開發中世界的小農造成傷害。大型農產企業幾乎

⑤ **作者注** Beth Hoffman, "How Increased Meat Consumption in China Changes Landscapes Across the Globe," *Forbes*, March 26, 2014, http://www.forbes.com/sites/bethhoffman/2014/03/26/how-increased-meat-consumption-in-china-changes-landscapes-across-the-globe/#3ba5c62d2443.

壟斷了種子庫存，並且控制了高成本的合成肥料和殺蟲劑的供應，造成越來越多的小型農場被迫休業，因為他們負擔不起在新的全球糧食市場中競爭所需要的物資。

油價也是一個重要因素。舉例來說，許多肥料都含有石油成分，因此每桶油價一有上漲，勢將帶動肥料價格上揚。更何況，油價提高也必定會帶動所有與能源相關的活動成本增加，包括灌溉、農場設備運作、運輸商品到市場，還有加工廠之間食物的來往運送。

這些經濟和社會問題都在持續惡化中，於此同時，全球環境的變化趨勢也威脅著世界各地農業的發展。氣候變遷和乾旱問題，使得大片曾經肥沃的土地逐漸變成荒漠。耕地濫墾以及都市蔓生，導致森林過度砍伐，更進一步加速全球氣候暖化。透過科學模擬可以估計，即使氣候變遷可以些許增加可耕地的總面積，但耕地的整體品質卻會下降。而且，最可能面臨耕地損失的區域，正是那些原本就已經面臨經濟困境的國家和區域，包括撒哈拉沙漠以南地區、中東，以及北非地區。⑥

首當其衝的國家之一，也包括了我的祖國孟加拉。它是全世界人口密度最高的國家，國土平坦，二〇%的土地只比海平面高出不到一公尺。當海平面持續上升，孟加拉境內的洪水問題也逐漸惡化，破壞的程度將越來越厲害。這是環境災難立即導致人類災難的一種新型案例。

再回頭看二〇〇八年，繼糧食危機、石油危機，以及環境危機之後，發生了有史以來最大的危機，也就是美國金融制度的崩潰。許多巨型金融機構與汽車業等製造業龍頭，不是宣告破產，就是靠著政府的紓困方案才得以苟延殘喘。

關於這次歷史性的經濟崩潰，發生原因眾說紛紜，包括交易市場貪欲橫流、投資市場變質如賭場、管理機構的失職等等。但是有一點很明顯，金融制度之所以崩潰，是因為它在出發點上就有了根本上的扭曲。

信用市場（credit market）成立的初衷是為了因應人們的需求，提供商人創業或擴展公司所需資金，銀行家和金主則可以獲得合理利潤做為報酬。大家都能從中獲利。然而，到了二十一世紀，信用市場卻被相對少數別有居心的個人與公司扭曲，他們想的是透過巧妙的財務工程技巧，以賺取不符現實的高報酬率。他們把房貸和其他貸款重新包

---

⑥**作者注**　“Climate Change to Shift Global Spread and Quality of Agricultural Land,” Science for Environment Policy, European Commission, February 12, 2015, http://ec.europa.eu/environment/integration/research/newsalert/pdf/climate_change_to_shift_global_spread_quality_agricultural_land_403na1_en.pdf.

裝，變成複雜的投資商品，並隱藏或裝飾了其中的風險程度和其他特性。然後把這些商品輾轉出售或一再轉售，並從每一次的交易中分得一杯羹。與此同時，投資人都急於拉抬價格，搶奪根本撐不住的成長機會，賭的就是這個制度的潛在缺陷永遠不會被揭露。

然而，時候一到，該發生的還是發生了。紙牌屋應聲轟然倒塌。又因為全球化的關係，這場金融海嘯很快就席捲全世界。

到頭來，在這場金融危機中，受害最深的人並不是有錢人。相反地，最大的痛苦落在地球上底層的四十億人口的身上，儘管他們根本不是這場危機的始作俑者。在富人仍然繼續享受他們的優渥生活時，底層的四十億人口卻必須面對失去工作、失去收入等種種攸關生死的變故。

金融危機、糧食危機、能源危機，再加上環境危機，綜合起來的效應，對底層四十億人口的生活產生巨大衝擊。儘管各國政府為了處理危機，推出許多緊急方案，包括代價極高的紓困方案，來支撐財務困難的金融機構和巨型財團，但是對於處理貧窮這種長期性的問題，卻做得不夠多。政府著重於支持巨型機構是因為它們「大到不能倒」，其實就是暗示數十億窮人的問題「小到不重要」。

因此，一種讓社會型企業也有運作空間的資本主義新途徑，為解決貧窮問題帶來了希望。

社會型企業是很多貧窮問題的補救方式

有了格萊珉銀行的經驗之後，社會型企業的概念在我心中已經具體可見。如同我曾經解釋過的，這個構想不是什麼理論性的概念，而是簡單又實際可行的方法，能夠緩解貧窮對孟加拉造成的最壞影響。

重要的是，我們必須先了解，貧窮不是窮人創造出來的問題。它是一種經濟制度的產物，這種經濟制度將所有資源保留給頂層，創造出一個不斷擴大的財富蘑菇頭，掌握在只占一％的人手中。用蘑菇頭來形容的確非常傳神。巨大的蘑菇頭代表少數人擁有的財富，下頭吊著又長又細的莖，則代表其他九九％的人口所擁有的財富總量。這根莖隨著時間越變越細長，與此同時，蘑菇頭仍在持續長大。

用**不均**（inequality）這個詞來形容這種無法永續、無法接受的情況，根本就不合適。如果你想描述螞蟻和大象之間的差異，絕對不會用**不均**這個詞。

我們必須接受一個事實：現今的制度，就連「財富分配」都說不上。更精確地說，這個制度根本就是為了讓財富單向集中而設計的，就像森林烈火把林中所有氧氣用盡吸光一樣。這個制度根本無力抵擋這個過程，因為它根本就是為了財富壟斷，而不是為了財富分配而設計。

在現有的制度下，窮人就像盆栽一樣。盆栽中的樹，種子就和野外正常尺寸的松樹和白樺樹沒二樣，但是因為一直被種在小小的花盆裡，只能吸收到少量的水分和營養，所以永遠長不到應有的高度，只能長得像正常樹木的微型複製品。

窮人的情況也是如此。他們是盆栽人，生長受到妨礙，就像盆栽裡的樹。窮人的種子並沒有什麼問題，問題是這個制度並沒有給他們和其他人一樣的機會。因此，他們沒有辦法像其他人一樣，運用自己的創意與創業精神成長。

我們需要的新經濟制度，應該能提供這個世界上的盆栽人需要的資源，讓他們長得又高、又直、又美麗。

貧窮最暗中為害、最具破壞性的一個特性，就是它在很多面向上打擊著人類的快樂和幸福。每一個打擊，同時加強又加重其他打擊的力道。舉例來說，窮人通常難以取得完善的健康照護服務，因此，生病時經常病期較長，也較嚴重。這個打擊不僅可能縮短他們的生命，也使得上學或工作賺錢變得更為困難。如此一來，又讓他們更加深陷於貧困之中。同樣的，缺乏乾淨的飲水、不合格的居住環境、缺乏或根本沒有交通工具，綜合影響下，如同一道詛咒，要窮人活在折磨和悲慘中，貧窮的問題互相牽連，也讓他們更難脫貧。

從創辦格萊珉銀行到現在，這麼多年來，為了幫窮人解決問題，我又創立了許多財務上能夠自給自足的計畫和企業。其中包括為了對抗貧困家庭孩童普遍發生的夜盲症問題，而創辦的蔬果種子行銷企業，還有提供衛生與手泵管井安全飲用水服務的企業。之後，我開始成立正式公司，以解決孟加拉窮人所面對的各項複雜問題。不管是一家提供可再生能源的公司，或是好幾家提供健康照護的公司，或是一家為窮人提供資訊科技的公司，只要能為那些陷於貧困的人解決社會需求，我們都願意去做。

雖然，我們把這些社會型企業設計成能夠產生利潤的公司形式，但那只是為了確保它能自給自足，永續經營。如此一來，它所提供的產品和服務就能幫助更多的窮人，而且可以持續經營下去。我們唯一考量的是社會的需要，至於股東和投資人是否能獲利，則完全不列入考慮。我就是因此才發現，公司可以用這種方式成立，從頭開始就以特定的社會需求為中心，不帶有任何個人利益的動機。

二〇〇六年，格萊珉銀行和法國跨國食品公司達能（Danone）成立一家合資公司

（這個故事在我二〇〇七年的著作《富足世界不是夢：讓貧窮去逃亡吧！》中，有更詳盡的說明），國際間才開始注意到社會型企業的概念。格萊珉銀行和達能集團的董事長兼當時的執行長法蘭克·李布（Frank Riboud）攜手合作成立公司，提供添加了維他命、礦物質以及主要營養素的優格，給孟加拉偏鄉營養不足的兒童。我們把優格以貧窮人家負擔得起的價格賣給他們，訂價只要剛好夠公司持續營運就好（一杯優格目前的售價為十個孟加拉塔卡幣〔taka〕，折合美金大概是十二分）。除了還給達能公司與格萊珉銀行最初投入的投資資金（總計大約是一百萬歐元）之外，不管是格萊珉或是達能，都沒有從這家合資公司賺取任何一分利潤，完全按照當初簽定的合約條款。目前，我們已經在首都達卡北部的波哥拉市鄰近區域，設有一家優格生產工廠，希望在不久之後，能在全國各地設立更多這樣的生產工廠。

格萊珉達能食品公司以各種相輔相成的方式，緩解了貧窮所帶來的衝擊。其中最明顯的就是它的優格，為原本可能因為營養不良而飽受疾病之苦的兒童，提供了健康方面的好處。二〇一三年，一群科學家在改善營養全球聯盟（Global Alliance for Improved Nutrition, GAIN）[7]的支持下所做的一份研究中，證實了這一點。另外，在波哥拉設立優格生產工廠，也為這個地方的社區帶來另一個好處。生產優格所需的牛奶由當地農夫供應，等於提供他們另一個固定收入的管道；當地婦女可以銷售優格以賺取佣金；另外，當地居民經過達能公司的訓練後可以經營工廠，工廠同時又是分銷和市場行銷的管道，更進一步活絡了鄉村經濟。

格萊珉達能食品公司只是我們設立的合資社會型企業中的第一家。現在，越來越多的公司主動表示，要與我們合作設立新的社會型企業。例如，我們已經和法國主要的水處理及輸送公司威立雅集團（Veolia）成立合資事業，輸送安全的飲用水到孟加拉的村落。這家合資公司經營一家水處理廠，專門提供乾淨的水給孟加拉境內某個區域內的五萬名村民，因為那裡的水源已經嚴重受到砷的汙染。我們以每十公升三分美元的價格，將水賣給村民，公司因此能夠永續運作，格萊珉和威立雅則沒有從中獲取任何財務所得。

我們在孟加拉還設立了其他的合資社會型企業，合作對象包括英特爾集團（In-

---

⑦ **作者注**　Sunil Sazawal et al., "Impact of Micronutrient Fortification of Yoghurt on Micronutrient Status Markers and Growth—A Randomized Double Blind Controlled Trial Among School Children in Bangladesh," *BMC Public Health* 2013, 13:514.

tel）、巴斯夫集團（BASF）、優衣庫（Uniqlo）、SK夢想（SK Dream）以及悠綠那（Euglena）。

每一家公司各有其獨特的故事。以格萊珉悠綠那公司為例，故事要回溯到一九九八年，一個十八歲學生出雲充（Mitsuru Izumo）的孟加拉之行。在格萊珉銀行完成實習之後，出雲充決心致力解決營養不良的問題，因此研究領域也從文學改成農業。後來，他對眼蟲藻（euglena）神奇的特性深深著迷。他發現這種單細胞有機體，竟然含有人類賴以生存所需的大部分營養素。他相信眼蟲藻可以用來開發超級食物，從此專注於研究將產品商業化的方式。二〇〇五年，為了行銷這個產品，他成立了悠綠那公司，如今這家公司已經在東京股市掛牌上市。二〇一四年，他和格萊珉農業基金會（Grameen Krishi Foundation）共同投資，設立了格萊珉悠綠那公司。這家社會型企業除了生產眼蟲藻餅乾提供給學校孩童，另外還有營養豐富的綠豆，也因此讓孟加拉近八千農民的收入大幅提高。

另外還有一些在孟加拉的社會型企業，是由格萊珉單獨成立，未與其他公司合夥。在眾多我們想解決的問題之中，白內障失明是另一個令窮人生活更加悲慘的痛苦，雖然相對而言，它只要透過一般手術就可以輕易解決。

為了解決這個問題，我們在二〇〇八年於波哥拉市，開了一家提供眼睛檢查和白內障手術的醫院，並依社會公平原則收費。由中產階級以及家境富裕的顧客所付的費用，來補助不足或無力負擔的人的醫療開銷。當然，不管付的費用是多是少，所有病患都得到一樣的優質照護。不到四年，醫院就能夠自給自足。二〇〇九年，第二家以同樣方式運作的醫院，開在孟加拉南部的巴利薩爾，在三年內就達到自給自足；第三家於二〇一六年開在孟加拉北部偏遠地區；二〇一七年，第四家正在籌建當中。到目前為止，我們的醫院已經治療了超過一百萬名病患，進行了超過五萬五千次挽救視力的手術。

另一個成功的社會型企業是格萊珉物流公司（Grameen Distribution），這是我們於二〇〇九年在偏鄉地區建立的行銷網絡，專門到府銷售各種有用的平價商品。格萊珉物流公司雇用貧窮婦女為行銷網的成員，銷售的產品包括行動電話手機以及配件、太陽能面板以及小型太陽能源系統設備、經過化學處理的補蚊網以降低瘧疾以及其他疾病的發生率、節能燈具以及燈泡。行銷網涵蓋超過一百五十萬戶偏鄉住戶，格萊珉物流公司為村落婦女提供了數千個基層員工的職位，為她們每個月的平均家庭所得增加了三十七美元。在龐大的成衣產業中，最低月薪低到只有六十八美元的國家，這是讓一個家庭有機會脫貧的很大動力。[8]

如果要再從眾多社會型企業中舉出一個例子，我會舉格萊珉卡利多尼安護理學院（Grameen Caledonian College of Nursing）。二〇一〇年三月，這所學院首次對外招生。想要提供優質的現代健康照護，護士扮演著至關重要的角色。然而，孟加拉就和大多數的貧窮國家一樣，嚴重缺乏專業護士。人口高達一億六千五百萬的我們，只有二萬三千名護士，等於每個護士要服務六千人（相較之下，英國六千萬人口中就有六十八萬名護士，比率是每名護士服務八十八位民眾）。孟加拉約有八七%的母親在生產時無法獲得專業的醫療支援，護理人員不足也是一個原因。這又是另一個例證，顯示貧窮對於窮人的衝擊是如何互為因果，互相增強。

為了解決這個問題，格萊珉保健信託（Grameen Healthcare Trust）與格拉斯哥卡利多尼安大學（Glasgow Caledonian University）簽署合約，在孟加拉首都達卡共同設立了一所世界級的學院，以培育護士以及助產士。不到幾個月，一套與時並進的學程就出爐了；教務和行政職位的人員也完成招聘；現代化的訓練設備、圖書館、實驗室都已完備，還設有一個學生住宿區。二〇一〇年，這個計畫的首批學生共四十名，都是格萊珉銀行貸款戶的女兒。到了二〇一七年春天，共有六百三十四名學生被核准入學；另有二百二十三名取得護理文憑，順利畢業，所有畢業生都立即到國內數一數二的醫院就職。另外還有八十一名學生即將在二〇一七年底前完成學業。

此外，護理學院目前已經幾乎可以自給自足了。創校校長芭芭拉・帕菲特（Barbara Parfitt）教授表示，該校在管理實務上，刻意抗拒「向錢看」的壓力。他們設計出提供優質教育的課程和策略，同時設法以符合經濟效益的方式來負擔成本。總之，一切都符合社會型企業的理念。

所有在孟加拉設立的社會型企業，包括我在一開始所播下的種子計畫，和在那之後，我們陸續成立的一家家公司，都對緩解我的祖國偏鄉地區的貧窮困境，做出了貢獻。因此，數百萬名「盆栽家庭」終於能夠取得資源，幫助他們成就更多，生活更豐富、更快樂。這些資源包括乾淨的飲用水、現代化的醫療照護，到從事各項專業所必需的技術和訓練。

⑧作者注　Simon Parry, "The True Cost of Your Cheap Clothes: Slave Wages for Bangladesh Factory Workers," *Post Magazine*, June 11, 2016, http://www.scmp.com/magazines/post-magazine/article/1970431/true-cost-your-cheap-clothes-slave-wages-bangladesh-factory.

從孟加拉到全世界：這股經濟實驗的精神如何擴散到全球

我越是深入了解窮人的生活，越是體悟到解決窮人的許多問題有多重要。同時，我越來越發現，創新而完全不計較個人利益的社會型企業，在解決這些問題時是一種多麼有力的方式。做得越多，我就越喜歡這些創意。孟加拉境內這些社會型企業所達到的成就，引出了一個明顯的問題：同樣的模式，可不可以成功應用在世界其他地方？

我經常受邀到全球各大學校園以及企業研討會演講，分享我的經驗，並聽取參與者的意見回饋。二〇一〇年，我曾到倫敦政治經濟學院（London School of Economics and Political Science, LSE）演講。數個月後我才知道，LSE的一名畢業生在聽了我的演講之後，對社會型企業這個概念產生了強烈的興趣。

這名年輕女孩名叫薩斯奇雅・布里斯頓（Saskia Bruysten），她之後又來柏林，聽我在名為遠見大會（Vision Conference）的活動中的一場演講。這一次，她在演講結束後來找我談話。她問我有沒有任何機會，可以讓她和她的朋友蘇菲・艾森曼（Sophie Eisenmann）參與孟加拉或其他國家的社會型企業。為了讓事情簡單化，我把她介紹給來自德國威斯巴登的一個青年創業家漢斯・萊茲（Hans Reitz）。漢斯之前就已經受到社會型企業概念的啟發，在德國創立了自己的社會型企業，並且在全球各地宣揚這個理念。二〇〇六年，漢斯在威斯巴登創立了一家組織，稱為格萊珉創意實驗室（Grameen Creative Lab, GCL），以實現這個目標。

漢斯立刻就邀請布里斯頓和她的朋友加入GCL。布里斯頓在美商波士頓顧問公司（Boston Consulting Group, BCG）擔任管理顧問，她擁有MBA學位，在一般企業和非營利領域都有經驗。艾森曼是她的校友兼室友，兩人在學術及專業上的背景相似。後來，她們一同辭去BCG的工作，加入GCL，為推動社會型企業貢獻一己之力。

她們在GCL工作了一年之後離開，創立了自己的公司尤努斯社會型企業（Yunus Social Business, YSB），和達卡的尤努斯中心共同合作。她們想在全世界設立社會型企業，於是從GCL接手了幾個在哥倫比亞和海地的計畫案做為開始。

YSB的目標是藉著在全球各地散播社會型企業的理論和實務經驗，以協助建立一個我們需要的新經濟架構。進行的方法有好幾種。其中之一，就是要充當企業孵化器以及創投基金。這個創投基金和傳統的創投基金有很大的不同。YSB創投基金所做的投資，完全不以賺取高額利潤為目的。身為一家社會型企業，YSB不會從它投資的公司收取任何利潤，只會收取服務費以抵銷成本。概念很簡單：當地人提出能夠以永續方式，也就是經由創造收入活動得到經濟收入，以解決當地問題的營運計畫之後，再由ＹＳＢ專案領導人選出最有發展潛力的營運計畫。投資人有權拿回投資的金額，除此之外，公司所產生的利潤將重新投資在公司，或是以某種方式使用以造福當地居民。一點一滴都要回饋給當地社區。

設在烏干達的金蜜蜂，可以說明ＹＳＢ做為孵化器的功能。首先，金蜜蜂的創辦人向ＹＳＢ在當地的團隊尋求建議、支援，對他的事業構想提供資金贊助。ＹＳＢ幫他聯絡上當地的商業專家，並提供他免費的訓練和指導，學習包括財務規畫和市場分析等議題。然後，ＹＳＢ提供新創公司投資資金，以幫助金蜜蜂開始運作。

今天，ＹＳＢ團隊仍然持續關注金蜜蜂的成長，隨時準備好提供需要的協助。同樣的模式也運用在烏干達境內，超過十二個不同的社會型企業的創業過程中開發出的業務，包括淨水處理系統，以及經過改良的環保烹飪爐。

從二〇一一年開始，ＹＳＢ便快速成長。直到今天，它已經在全球七個國家設有據點：海地、阿爾巴尼亞、巴西、哥倫比亞、印度、突尼西亞，以及烏干達。ＹＳＢ吸引了超過四十五支不同背景、但都致力於社會型企業的堅強國際團隊。在ＹＳＢ協助之下成立了許多社會型企業，其中包括拜扶（Bive），這是為哥倫比亞卡爾達斯地區窮人提供平價健康照護的專業人士網絡；迪哥公司（Digo）則是支持微型創業家（micro-entrepreneur）分銷國產清潔用品給海地偏鄉地區的窮人；長者之家（Seniors House），則為阿爾巴尼亞老人提供日間照護以及居家服務。

除了扮演新創公司孵化器角色之外，YSB也和一些有心研究成立社會型企業可能性的知名營利型企業合作。這個模式就可以參考我們和法國知名企業達能與威立雅的聯合投資經驗。

你可能會好奇，為什麼一家營利型公司會想開一家公司來解決一個社會問題，完全不以賺錢為目的。原因各有不同。有些公司的業主或高層，可能對於某種問題特別有使命感，像是貧窮、教育、健康照護、汙染等等。他們一開始可能想設立一家社會型企業，利用公司的專長來解決某個問題；他們可能考慮到這樣也符合公司目標；這個初步行動可能讓他們的員工對工作更加投入，更有熱忱；可能因此獲得更廣大的社群認同和贊許；也可能幫他們更了解社會型企業的模式，以及對公司有更廣泛的影響。

然而，大部分的時候，促使企業領導人擁抱社會型企業的動機，和促使創業家、學生以及其他為這個概念深深著迷的人的動機一樣：單純只是因為他們深深關懷其他人，想盡一己之力讓他們過上更好的生活。社會型企業代表一種新的經濟架構，為創新和服務提供了新的途徑，也吸引越來越多全球各地的企業領袖躍躍欲試。

有時候，企業的執行長或高層會直接聯繫ＹＳＢ位於德國法蘭克福、柏林辦公室的團隊，或是任何一個ＹＳＢ辦公室。有時候，他們會先和德國威斯巴登的格萊珉創意實驗室的漢斯．萊茲顧問團隊聯繫，或是聯絡孟加拉達卡尤努斯中心的專家，那裡是我在當地或國際活動的聚集中心。在巴黎市長的要求下，新的尤努斯中心巴黎辦公室將於二〇一七年，設立於法國首都（後面會有更詳盡的內容）。所有的機構都已經準備好，扮演資源與情報交換中心的角色，分享創立社會型企業的相關資訊和諮詢指導，包括它是什麼、如何運作，以及公司發展時各種該做與不該做的注意事項。

不論是要成立一家獨立公司，或是在現有的公司另外成立一個部門做為一家虛擬公司，在適當的時機，上述各組織的專家會為那些正在計畫或已經創立社會型企業的經理人，提供教練（coaching）、訓練和諮詢服務。他們也協助非營利機構或非政府組織，把部分業務轉型為社會型企業，以解決社會需求。

法國行動智庫：解決富裕國家的貧窮問題

受到ＹＳＢ支援而迅速發展的實驗計畫中，最令人興奮的一個成果，就是成立了社會型企業行動智庫（Social Business Action Tanks）。我們稍微玩了一下**智庫**（think Tank）這個詞，以行動智庫（action tank）稱呼這個計畫。這個智庫集結了來自各大公司的高階主管，這些公司都有志於研究社會型企業概念。他們從研究開始，直到在他們的大型傳統公司之外，實際成立社會型企業，來解決各種社會問題。

第一個社會型企業行動智庫於二〇一〇年在巴黎創立。背後的推手之一是二〇一四年擔任達能集團執行長的范易謀（Emmanuel Faber），他有豐富的想像力，深諳人性，樂於嘗試不同的經濟模式，以尋找解決人類最緊迫問題的方法。當時，范易謀和法蘭克．李布二人都對社會型企業的概念投入甚深，也已經在孟加拉設立格萊珉達能食品公司，並進行了第一次的合資實驗。為了將同樣的模式帶到歐洲，范易謀和法國知名社運人士以及公職人員馬丁．伊爾什（Martin Hirsch）攜手合作。馬丁在設計幫助弱勢族群的方案方面，擁有長期的經驗。他們倆組成一個團隊，讓社會型企業行動智庫的構想得以真正落實。

兩人的合作吸引了一大群領導人加入行動智庫，其中包括資深企業顧問賈克・伯格（Jacques Berger），他也是現任企業行動智庫的總監。很快地，其他企業領導人也紛紛加入這個計畫。包括經濟、企管等各個學術領域的專家也加入擔任顧問，並且研究各項進行中的實驗，以期能找到一些經驗值，提供其他人利用參考。例如，備受尊崇的法國巴黎高等商學院ＨＥＣ，附設了一個專門致力於推動社會型企業的特別科系，執行總監班那蒂・法塔維諾（Bénédicte Faivre-Tavignot）帶頭研究行動智庫的成就，並且向全球學者分享她的研究發現。

二〇一六年秋天，原名為「企業和貧窮行動智庫」（Action Tank Entreprise et Pauvreté）的法國行動智庫，創立了好幾家社會型企業，每一家都是設計來解決法國境內窮人遭遇的某個嚴重問題。

幫助富裕國家的窮人，這個目標所面臨的挑戰，和我在長久以來都是地球上最貧窮國家的孟加拉所遇到的挑戰，或是和ＹＳＢ團隊以及它的創業夥伴在烏干達等貧窮國家所遇到的挑戰，很不一樣。法國是地球上最富裕的國家之一，擁有完備的社會安全網絡，以提供需要幫助的人民基本的生活必需品，包括健康照護、教育以及住宿。

然而，法國境內仍然有相當數量的窮人，總數大約是八百萬人，估計占總人口的一三%。據賈克・伯格表示，窮人數量在一九〇〇到一九七〇年之間穩定下降，但是之後就進展趨緩，反映出在傳統資本主義體系下試圖降低貧窮率時，遭遇到的典型問題。法國的窮人有一些是靠著微薄的固定養老金過活的老人；有些是住在經濟沒落偏鄉地區的人；還有一些則是來自中東、非洲、亞洲各國的移民，還在拚命尋找法國經濟之中的立足之地。

對於那些生活在法國金字塔底層的人而言，生活是如此艱困，充滿巨大的障礙，難以改善。法國行動智庫所創立的各種社會型企業，就是要尋找方法，為窮人降低或甚至消弭部分障礙。目標是重新啟動自一九七〇年之後就停滯下來的抗貧進展，讓法國朝向零貧窮目標邁進。

其中一個社會型企業是摩比利茲（Mobiliz），這是由雷諾汽車（Renault）創辦的一家公司，專門為窮人提供可以負擔的平價交通工具。一開始大家集思廣益如何達到這個目標時，雷諾的管理階層曾經考量過好幾個方案。例如，他們想過可以試著設計製造一款，連窮人也買得起的超低價汽車。但是在實際與目標群眾，也就是窮人本身談得越多之後，就越意識到這個做法並不能解決窮人面臨的迫切問題。

相反的，他們發現其實許多窮人都已經擁有汽車，只是通常是狀況不佳的二手車，車齡已高，里程數高達數十萬公里，但這是他們買得起的最好的車了。遺憾的是，車的售價往往和它的維修成本成反比。法國窮人的老爺車動不動就拋錨故障，修理費用又很高。車子不時得進廠維修，這表示他們經常不能去上工。當你是個短期臨時工，做著基層工作，幾天不能上工就可能會被炒魷魚。

雷諾公司發現，如果想讓法國的窮人擁有移動力，關鍵在於確保汽車的維修費要在他們負擔得起的範圍內。於是在二〇一〇年，他們著手建立一個網絡，聯合那些願意以優惠價幫摩比利茲成員服務的修車廠。這些修車廠仍然可以繼續服務不需折扣價的顧客，以負擔車廠的各項營運成本。目前已經有數百家這樣的「團結車庫」（solidarity garage），為數千名符合資格的顧客服務。而這些顧客是由當地與窮人密切合作的非官方組織，為摩比利茲確定身分。對車廠而言，好處是得到穩定的顧客來源，仰賴他們提供汽車維修技術；對顧客而言，好處是能得到優質的服務，讓他們的車能持續上路，這等於讓他們的生計能夠維持下去。

雷諾的社會型企業實驗還不只如此。這家公司目前正在探索其他幾個方式，以擴展他們的移動性服務給有需要的人，包括開辦廉價合宜的駕駛課程、運用智慧手機為駕車人士提供隨手可得的教育課程，還有共用車（car-sharing）服務，主要是製造低成本的電動車，並設置在公共住宅區域，供計時租用。

另外一個由法國行動智庫成立的社會型企業是光學互助（Optique Solidaire），這是由法國領導業界的鏡片及光學儀器製造商伊視能（Essilor）另外設立的獨立部門。許多法國人負擔不起漸進多焦鏡片的優質眼鏡，因為這種眼鏡一般要價大約在二百三十至三百歐元之間。伊視能的專家團隊花了十五個月進行實驗，企圖找出能夠降低售價的眼鏡設計服務制度。現在，他們已經建立一個合作網，超過五百家眼鏡零售商能夠以三十歐元的低廉價格，提供優質的眼鏡給有需要的人。最初計畫的目標群眾是六十歲以上的年長人士，到了二〇一四年又把年齡限制降低到四十五歲以上有需要的人。只要接到國家健康保險局寄給資源有限民眾的特別表格，就有資格享受這項服務。

行動智庫還分別和法國其他知名企業合作，創辦了其他的社會型企業計畫，處理的問題包括遊民收容所、為負擔不起傳統保險的人提供房屋保險，以及窮人能夠使用的銀行服務。⑨

⑨**作者注**　有關法國行動智庫以及它所協助成立的社會型企業，可參見 Muhammad Yunus et al., "Reaching the Rich World's Poorest Consumers," *Harvard Business Review*, March 2015, https://hbr.org/2015/03/reaching-the-rich-worlds-poorest-consumers.

從這些計畫可以看出，處理已開發世界富裕國家裡的貧窮問題，和處理亞洲、非洲、拉丁美洲貧窮國家的貧窮問題，所面臨的挑戰有多麼不同。因為這些窮人是占人口比例的相對少數，經常隱藏在富有的鄰居之間，因此光是要找出他們、辨認他們就是一個挑戰，還必須設計出一種社會型企業，讓這些有需要的人能夠得到幫助。

我不想設計一套麻煩的測試或管理制度，以精確篩掉任何「不應該」的參與者。但我想確認的是，一家以減輕貧窮問題為目標的社會型企業，所作所為確實是在實現這個目標。以相同價格對所有人提供服務或商品，可能會排擠掉最需要的人。這就是行動智庫以窮人為目標的實驗計畫非常重要的原因。

法國行動智庫所創立的各項計畫，非常令人興奮，也非常成功，因此這個概念已經擴展到其他國家。ＹＳＢ目前正在成立印度和巴西行動智庫。這兩個國家的經濟狀況和法國差異很大：都是開發中國家，中產階級快速成長，但是窮人依然為數眾多，遍布在鄉村地區，以及廣大的都市貧民窟；兩個國家境內都有大型公司，可以和國際接軌。由這兩個新智庫推行的構想，可能有些可以參考法國的模式，但是大部分將會相當不同，因為社會架構不同，需求就不同，必須量身打造。

在印度和巴西，ＹＳＢ團隊已經獲得有志進行新經濟架構實驗的許多企業承諾；他們也已經和當地願意提供研究支援的大學建立連結。見到這些新的實驗計畫一一展開，將會是一種美妙的經驗。同樣地，ＹＳＢ和日本、澳洲的合作也已經逐漸成形。行動智庫不必侷限於富裕大國。在貧窮或小型國家，只要有當地企業或在當地運作的跨國企業一起參與，也同樣能夠推行。最後，我們一定能夠運用在這些國家的學習經驗，為世界各地與各個城市設計，適合他們的社會型企業行動智庫。

新經濟與零貧窮目標

上述的例子讓我們知道，在社會型企業幫助下快速啟動的經濟轉型，有史以來第一次為人類創造一個零貧窮世界的機會。

貧窮不是由窮人創造出來的問題，這個信念鼓舞了我。貧窮是一種人為的制裁，強加在那些和你我一樣，不論年齡，不管身分地位，都具有無限潛能、創意、活力的人身上。消弭貧窮的關鍵在於，如何為窮人移除眼前的障礙，將他們的創意解放出來，以解決他們的問題。我們只要給他們和其他人一樣公平的機會，他們就能改變自己的生命。

在各個行業運用創意設計社會型企業，可以讓這種改變發生得更快。我向來堅持，文明社會不應該有貧窮問題。貧窮應該只屬於博物館，供我們的兒孫前往參觀，看看人類曾經承受過如何不人道的待遇，並且自問為何他們的先人竟然讓這種情況持續了這麼長的時間。

新世代有把貧窮從這個星球上消除的力量。我們過去克服了奴隸制度、克服了種族隔離、還能把人類送上月球，這些都是以前被認為不可能的成就。因此，只要我們決定貧窮不應該出現在我們想要的未來，我們就可以克服貧窮。一切都是由我們決定，我們要做出選擇，要居住在一個沒有貧窮根源的世界，然後創造一個新的經濟制度，讓我們選擇的世界成為現實。

4 零失業

——我們不是找工作的人，我們是創造工作的人

經歷了二〇〇八年到二〇〇九年的經濟大蕭條之後，全世界的人都深刻意識到，我們的經濟制度肯定有什麼嚴重的錯誤。其中，青年失業問題特別令人怵目驚心。在歐洲，二十五歲以下人口的失業率是一八・六%（二〇一六年十二月的數據）。包括希臘、西班牙和義大利在內的一些國家，比率更是超過四〇%。①在美國，許多年輕人因為意志消沉而退出職場，因此緩和了失業統計數字，讓人低估問題的嚴重程度。②

---

①作者注 "Youth Unemployment Rate in Europe (EU Member States) as of December 2016 (Seasonally Adjusted)," Statista: The Statistics Portal, https://www.statista.com/statistics/266228/youth-unemployment-rate-in-eu-countries/.

另外，研究顯示，青年失業並非暫時性的問題。年輕人幾年不工作，或者只做低薪而缺乏發展前景的工作，將導致一輩子的問題。不管他們多麼努力工作，都不太可能出人頭地、得到高薪、提供生活保障，或者為他們的下一代創造機會。

失業和低度就業③所造成的傷害，決定了一個人一輩子的收入，也是造成所得不均的兩個主要因素。根據我的觀察，所得不均對世界的未來已經形成嚴重威脅。這兩種現象對心理和社會的衝擊也同樣嚴重。失業就像是把一個有能力的人當成垃圾丟掉，是一種特別殘酷的懲罰方式。

人生來就應該活躍、充滿創意，而且精力充沛；應該是解決問題的人，總是尋找新的方法來發揮自身無限的潛力。我們怎麼會允許任何人把一個充滿創意的人從工作崗位踢開，而不給他發揮神奇潛力的機會？然而，今時今日，我卻看到在歐美各國，數百萬的青年被迫賦閒，這都要歸咎於經濟制度的失敗，一個世代的年輕人就因此必須背負前途無望的挫折感。

我在全球各地和青年會晤時，遇到無數聰明又活力十足的男男女女，他們都覺得今天的經濟制度與有瑕疵的政策，限制了他們的發展。因為失業或低度就業，他們買不起房子，也成不了家，更不用說他們之中大多數還得償還幾萬美元的助學貸款。他們不知道自己做錯了什麼，為什麼這個世界好像完全用不到他們的才能。難怪西班牙經濟學家盧多維克・蘇布蘭（Ludovic Subran）會感嘆：「整整一個世代都被犧牲掉了。」④

雪上加霜的是，從人口統計學以及經濟趨勢來看，完全看不出這個問題有任何可以自動解決的跡象。根據國際勞工組織（International Labour Organization, ILO）估計，未來十年，總計大約四億名青年將加入勞動市場。國際勞工組織把這稱為「緊急的挑戰」，因為這意味著，必須在未來十年創造出四億個有生產力的工作，相當於每年四千萬個工作。⑤

---

② **作者注** 例如，美國勞工統計局所編製的 U-6 失業率（包括「正在做非全職工作並一邊找著全職工作的人」以及「因絕望而不再找工作的人」），通常是媒體報導的 U-3 失業率（只計算在找工作的失業人數，也就是一般所說的失業率）的二倍。請參考 Kimberly Amadeo, "What Is the Real Unemployment Rate?" The Balance, February 20, 2017, https://www.thebalance.com/what-is-the-real-unemployment-rate-3306198.

③ **譯者注** 指工作者受雇於無法讓他發揮最大生產力的職位。

④ **作者注** Gregory Viscusi, "Europe Sacrifices a Generation with 17-Year Unemployment Impasse," Bloomberg, October 7, 2014, http://www.bloomberg.com/news/articles/2014-10-07/europe-sacrifices-a-generation-with-17-year-unemployment-impasse.

⑤ **作者注** "Decent Work and the 2030 Agenda for Sustainable Development," International Labour Organization, http://ilo.org/global/topics/sdg-2030/lang—en/index.htm.

此外，自動化、機器人的科技普及，以及人工智慧的發展潮流，也使得問題更形嚴峻，因為這些潮流都可能讓公司在不影響生產力的情況下，削減人力需求。而且，人類的壽命增長，健康狀況改善，這表示需要工作得更久來維持生計，因此，就業與否的壓力就更沉重了。現在看起來，在未來幾年，政治人物和政府面臨的創造就業機會以及失業管理的問題，極可能變得越來越棘手。

到底是什麼原因導致了這個問題？該如何解決呢？

失業問題：錯誤的診斷、錯誤的處方

毫無疑問，今天仍在為找不到工作而苦的青年，並沒有做錯什麼，正如全世界被困在貧困當中的婦女，也沒做錯什麼一樣。造成他們陷入困境的因素，是我們所設計、長久以來受到我們完全信賴又確實遵循的經濟制度。它才是該被改革的錯誤。

失業並非失業人士自己咎由自取，而是由我們那瑕疵百出的理論架構所創造出來的。它在我們的腦中生根，讓我們相信，人類生來就該為一小部分幸運的資本家工作。既然目前的理論視這些少數的工作創造者為經濟的動力，所有的政策和制度因此也都是為他們而制定。如果他們不雇用你，你就完了。這是對人類命運多麼荒謬的誤解！對那些具備無限創意潛力的人類，又是多大的侮辱！

然而，我們的教育也反映出相同的經濟理論。它建立在一個假設之上：學生應該努力用功取得好成績，這樣才可以在那些被視為經濟活動成長動力的大企業裡，找到好工作。世界頂尖的大學，往往以畢業典禮上有多少畢業生已經被企業網羅來引以為豪。

當然，用一輩子或一部分的人生為一家公司工作，並沒有什麼錯。但是，經濟制度裡有個非常嚴重的錯誤。它盲目地忽略有另一個自然而吸引人的選項。從來沒有人告訴年輕人，他們生來就有兩種選擇，而且一輩子都可以擁有這兩種選擇：他們可以是找工作的人，或創造工作的人，他們可以憑自己的能力成為創業者，而不必仰賴其他創業家施恩給他們工作。

我們不應該坐視，整整一個世代的青年淪落在這個經濟理論的裂縫中，就因為我們膽怯，不敢質疑那些經濟理論家的智慧。我們必須重新設計理論，肯定人類無限的潛力，而不只是依賴「市場那隻看不見的手」為我們解決所有問題。我們必須覺醒，認清事實，那隻「看不見的手」之所以看不見，是因為它根本不存在。即使它真的存在，也是為了在看不見的情況下，服務富有的人。

在當今經濟制度之下，除了透過投資基礎建設，或政府創造就業方案，以提振經濟成長，再加上以政府慈善事業為需要幫助的人減輕負擔之外，經濟理論家並沒有提供其他更好的解決方法。這些政策的確可以解決部分問題，但是無法解決真正的潛在問題。

當然，當人民因為失業而痛苦時，政府為民紓困是理所當然，而且至關重要。但是緊接在後，社會和國家更重要的責任，是幫助民眾盡快脫離對政府的依賴。依賴會貶低人的價值。我們在這個星球的任務，是讓地球成為一個更好的地方，而不是忍受一個依賴他人的下層階級存在，逼他們失去讓人生真正值得活下去的自由和獨立。

我們擁有必要的科技和經濟方法，足以終結失業的根源，唯一缺的是一個架構，還有意志。

克服工作障礙

失業問題持續擴大，其中一個迷思是：有些人沒有能力創造經濟價值；這樣的人肯定有缺陷或失敗之處，因此沒有用處，理當被像垃圾一樣丟棄。這個迷思認為，這些人只適合接受慈善捐助，或者政府救濟。

但有些人真的需要協助，以克服阻擋他們從事值得做的工作的障礙。有些人有肢體或心理上的殘缺，因此需要更多的支援，像是符合他們需求的特殊工具或機械，或者符合他們狀況的彈性工時；有些勞工因為自動化而丟了工作，就需要訓練課程幫他們發展新的技術。我們不應該讓這樣的問題，在全世界的許多國家中，創造出一個為數眾多的永久性失業階級。

事實上，幾乎所有人都有能力做值得做的工作，讓他們在照顧自己和家人時，還能對社會貢獻價值，尤其是當他們不再受為企業主人製造龐大、不斷成長的利潤這種觀念束縛的時候。現在，社會型企業的存在，就可以證明這是事實。二〇一二年十二月，在日本福岡成立的人力港公司（Human Harbor Corporation, HH），就是其中的一個例子。

我第一次聽說人力港公司，是在我二〇一二年拜訪九州大學的時候。當時九州大學的尤努斯和椎木社會型企業研究中心（Yunus & Shiik: Social Business Research Center）舉辦了一場社會型企業設計競賽，其中一個最具潛力的設計案是由副島動（Isao Soejima）提出，他當時的工作是監獄觀護人。副島動關注的是，出獄犯人找工作時面臨的嚴重阻礙，而這些障礙大都是由社會本身製造出來的。由於社會的恐懼心態和偏見，他們經常被一般工作排斥在外；許多人只好運用他們在監獄建立的下層社會人脈，重回犯罪之路。和世界上大多數國家一樣，日本的出獄犯人再度作案並重回監獄的比例也相當高。統計數字顯示，近年來各國的累犯率已經由三〇％上升到四六％。⑥

副島勳想要打造一家社會型企業來解決這個問題。他和一名出獄犯人高山淳（Atsushi Takayama）合作，創立了人力港公司，這是在日本成立的第一家尤努斯社會型企業。人力港要處理兩個社會問題是，回收工業廢棄物，以降低汙染問題與環境危害；並且在這過程中，聘用很多找不到工作的出獄犯人。

副島勳的營運計畫果然行得通。人力港很快達到自給自足的狀態，二〇一六年營業額達到二百四十萬美元，二〇一七年的營業額目標是三百五十萬美元。公司聘請了二十六名員工，其中九名是出獄犯人，分別來自福岡、東京和大阪。其中一名人力港的職員立花太郎（Taro Tachibana）於二〇一五年離開公司，也成立了自己的回收廢棄物社會型企業，並和人力港合夥。這麼一來，等於人力港的理念已經自然向外擴散，就和所有成功的事業一樣。

像人力港這樣的公司顯示，我們必須拒絕有些人就是沒有能力做有用的事的迷思。這個迷思就和許多古老的想法一樣，阻礙了我們去創造一個讓所有人都有立足之地的全新經濟制度。

解決孟加拉失業問題：諾賓（新手創業家）計畫

多年來，我深受格萊珉銀行第二代嚴重的失業問題困擾。這些新世代已經接受了學校教育，有些甚至受過高等教育，但是，他們之中仍有數千人無法找到工作。

終於，我找到了一個解決方法，這個方法能夠有效解決失業問題，為孟加拉的青年打開經濟機會的大門。

前面我曾經說過，格萊珉銀行和微型信貸這個金融制度，都是在一九七六年，從喬布拉這個小小的村落起步的。微型信貸至今已經成為全球性的運動，幫助超過三億戶貧困家庭，透過創業改善經濟狀況。

打從一開始，格萊珉銀行就特別關心與窮人相關的一些基本議題，也關心他們對重要生活事務的意識，包括簡單的衛生措施和適當的健康照護。我們鼓勵選擇良好的生活型態，例如，我們讓格萊珉銀行的貸款戶將還款存入儲蓄帳戶，以鼓勵他們養成儲蓄的

---

⑥ **作者注** "Lowering the Recidivism Rate," editorial, *Japan Times*, November 24, 2014, http://www.japantimes.co.jp/opinion/2014/11/24/editorials/lowering-recidivism-rate/#.WNjw3hjMyqB.

習慣。

此外，我們也密切關注貸款家庭的第二代。我們鼓勵格萊珉家庭利用會議場地「中屋」（Centre House），也就是提供貸款人召開每周會議的小棚屋，做為孩子的學習空間。許多當地貸款人小組，會付給當地的一個女孩或婦女一點微薄的薪水（通常在五百塔卡左右，大約折合六美元），請她每天來教學齡前的孩子。這個歡樂和學習的社區中心，引領了無數孩童進入閱讀和寫作的世界，並且幫助了那些從來不曾有機會到課堂上學習的家庭，克服對教育的恐懼，進而擁抱教育。

我們也把送每個孩子到學校看成是一種承諾，放入格萊珉貸款人的基本宣誓憲章，也就是眾所皆知的十六項決議（Sixteen Decisions）中。這些承諾，包括第七條「我們將教育孩子，確保他們能夠賺錢負擔自己的教育」，會由全體格萊珉銀行貸款人在每次中心會議時共同宣誓，周復一周、年復一年。我們也舉辦活動，確保格萊珉家庭的小孩百分之百都能上學。在這個大多數窮人家的孩子都無法上學的國度裡，這可是一個大膽的挑戰。每一年，我們會提供獎學金給數千名學生，鼓勵他們繼續求學，並追求更好的表現。

當學童完成小學學程，我們鼓勵他們繼續上中學。他們大部分也都這麼做。完成中學教育後，我們又鼓勵他們進大學，並且提供新的教育貸款，讓貧窮村落的孩子也能接受高等教育。現在，數千名學生已經藉著格萊珉銀行的教育貸款，完成學業，成為醫生、工程師等專業人士。

然而，這項成就卻帶來了新的問題。許多畢業生都無法找到工作。於是我們又進行了另一項計畫。我們從一項活動開始，讓這些青年的心思從找工作這條傳統道路，轉而思考自雇或創業的可能。我們邀請格萊珉家庭的孩子反覆唸誦這句口號：「我們不是找工作的人，我們是創造工作的人」。為了幫助他們實現這個信念，我們推出一個新的方案，由格萊珉銀行提供新創貸款，支持他們創立公司。我們稱選擇這條路的青年為「nobin udyokta」，也就是孟加拉語的「新手創業家」。

二〇〇一年，當我們首度宣布諾賓計畫時，成立的公司還只有寥寥幾個。許多格萊珉家庭的家長都很擔心，不太願意讓他們的兒女在還有教育貸款要償還時，再借更多貸款。此外，基於同樣的考量，有些格萊珉銀行行員在簽發新的貸款申請案時，速度也很慢。

為了改善這個問題，鼓勵更多格萊珉青年投入創業的行列，我想出了一個辦法，在格萊珉銀行架構之外，成立一個社會型企業基金，專門負責支持新手創業家的資金需求。為了在所有持股人心中種下創業的種子，也為了讓各行各業的人有經常性的互動以改良創業的方法，我決定創立一個平台，讓有潛力的年輕創業者有一個呈現事業設計的舞台。我希望這個平台能夠鼓勵年輕人提出事業構想，同時又能證明社會型企業的概念確實可以應付具體的社會和經濟挑戰。

二〇一三年一月，達卡尤努斯中心籌辦了第一屆社會型企業設計實驗會議（Social Business Design Lab），結果相當成功。我們大受鼓舞，決定每個月舉辦一次設計實驗會議。這個活動吸引了企業高階主管、NGO領導人、學者、學生、專業人士以及社運人士前來參與。有時候，參加者後來還主動要求投資在活動中所提出的營運計畫。

到了二〇一七年四月，透過社會型企業設計實驗會議，已有將近一萬六千名新手創業家的營運計畫書通過核可與輔導，並得到總計二千一百萬美元的投資資金。雖然對外的設計實驗會議仍是每個月召開一次，但我們內部仍持續召開更多的設計實驗會議，每個月都有將近一千件營運計畫書，進入最後的審核階段。在二〇一七年年底之前，通過審核並可以申請到資金的營運計畫，很可能達到每個月二千件。目前為止，我們仍然能維持選擇和監督的品質。為了確保品質，我們正在嘗試放慢速度，但預計在二〇一七年底，核准通過的營運計畫書仍將達到二萬五千件，投資金額三千六百萬美元。

要注意的是，投資在新手創業家的資金和投資者是屬於社會型企業，但是新手創業家成立的公司，則是為公司所有人賺取利潤的傳統企業。為了讓你對諾賓計畫所投資的事業型態有一些概念，以下我列出六個由設計實驗會議在二〇一六年五月核可的計畫：

- 友誼裁縫（Mitali Tailors）——年輕寡婦，同時也是兩個孩子的母親汝米·瑪利克（Rumi Mallik），在喪夫八個月之後，獲得資金，擴充已故夫婿的裁縫事業。
- 普里洋妥園藝（Priyonto Nursery）——以嫁接法繁殖樹種的專家阮將·查德拉·蘇查哈（Ranjan Chandra Sutradhar），獲得資金以創辦自己的園藝事業。
- 贊丹尼之家（Etee Jamdani House）——穆沙瑪特·帕維（Mussamat Parvin）是一名手藝精湛的贊丹尼（jamdani，一種細緻的紗麗織布）織工，獲得資金擴展她設在家中的公司。
- 薩利姆扇子藝術（Salim Pakha Shilpo）——飽受肢體虐待而不得不離開丈夫的阿斯瑪·貝貢姆（Asma Begum），獲得資金幫助，創立傳統手工編織的棕櫚葉扇子事業。
- 屯帕碾米廠（Tumpa Rice Mill）——資深碾米廠操作技術人員穆罕默德·汝乎·阿

敏（Muhammad Ruhul Amin）獲得資金，創立自己的碾米廠事業。

・巴豪美容院（Bodhua Beauty Parlor）——受過訓練的美容師哈斯娜・貝貢（Hasna Begun）獲得資金開創她的事業。

你可以看得出來，這些事業都不是傳統經濟發展方案偏愛的那種大型計畫，像是煉鋼廠、電子工廠、水力發電廠等等。相反地，都是一些由下而上，由當地熟悉社群需求與偏好的年輕人所設計出來的小公司。需要的資金從一千美元到三千美元不等。每一家公司一開始都是由創業者一人獨立經營，有擴充需求時再聘用更多幫手。然而，每一家公司都是年輕人初嘗獨立創業的興奮滋味，並同時提供有用的商品或服務給社群的機會。一旦有數千家、甚至數百萬家這樣的創業公司，將有助於振興孟加拉偏遠村落的經濟，並轉變青年的前途。

尤努斯中心花了一些時間，才使諾賓計畫有了今天成功的運作制度。從二〇一三年一月到九月之間，我們發展出基本的方法、報告格式、每日監督系統、會計程序、確認及評估程序等等。現在，我們正在開發一般性的設備，包括電腦化管理資訊系統、會計軟體，以及訓練設施。我們實施了一套嚴格的執行架構，以確保新手創業家能得到充分的培訓，包括企業管理、會計、報告製作，以及任何支援的服務。

一開始，格萊珉事業家族的一員格萊珉電信信託（Grameen Telecom Trust）是提供資金給這些新手創業家的主要投資者。現在，更多的格萊珉公司，包括格萊珉高陽（Grameen Kalyan，一家健康照護公司）、格萊珉夏地薩瑪吉克拜柏沙（Grameen Shakti Samajik Bybosha，一家能源公司）、格萊珉信託（Grameen Trust，致力於在國際間複製格萊珉的方法）都已經陸續加入計畫。在它們共同合作之下，已經成立了四家社會型企業基金，各自執行它們的諾賓計畫。

通常，每個月對外開放的設計實驗會議活動，大約有一百五十人參加。另外，全球超過三十個國家的人，透過網路實況直播，仍然能夠參與活動。參加的人會提問、提出改善計畫的建議，並且提出任何在計畫籌備過程中忽略的議題。

事實上，設計實驗會議是經過精心規畫的整個過程的最後高潮，整個過程的一開始則是先找出有潛力的新手創業家。每家社會型企業基金都有村落層級的辦公室，並設有專人負責找尋胸懷壯志的創業者，與他們保持密切聯繫，協助他們解決問題。基金會人員會到可能創業的人家中拜訪，和他們談他們的夢想、憂慮，談家中經濟來源。等到確認了三十到五十位青年之後，村裡的基金會職員就會召開培訓營。在培訓期間，基金會職員會說明新手創業家計畫的相關要求和程序，並邀請每一位參加者簡短說明自己的事業構想，然後基金會職員再聯合討論、評估每一個構想。之後，培訓營的領導人會列出一些讓他們印象深刻，有成功潛力的參加者名單，這就是第一階段的篩選。

這是否表示，沒有入圍的人就注定要失業？絕對不是。我們向每位參加者解釋基本原則：即使他們一開始想出來的計畫失敗了，也沒有人會被拒絕或放棄。整個過程我們都確實遵循這項原則。那些第一次沒能被選中的人，將會被邀請參加下一次的培訓營。與此同時，他們將為下一次的計畫說明，做更充分的準備。

初選入圍者會繼續第二輪的計畫發展訓練。這一階段選出的創業者將受邀至達卡，在訓練有素的投資人協助下，最後一次調整營運計畫書，並呈現出專業的樣子。最後在設計實驗會議時，要以英文做五分鐘的營運計畫書摘要簡報。

通常，在經過如此漫長的準備過程之後，設計實驗會議的評審都很樂意核准每一個營運計畫，但還是會給予一些建議，或點出一些問題，以協助這些營運計畫在實務上的執行更順利。只有在很少的情況下，創業者會被要求更進一步改善營運計畫書，並在下一次的設計實驗會議中提出來。

一日營運計畫書通過，就開始手把手指導執行的過程。投資人和創業者會共同經歷一段教導與訓練的時期。隨著這筆投資，為了確保新公司可以成功，這些剛起步的創業者會得到經營訓練、教練以及建議。這是很自然的，因為投資人對於公司能否成功，有強烈的社會利益考量。正如創投資本家會對所投資的公司提供教練和建議，以得到最大的成長潛力，社會型企業投資人也對所支持的新公司提供協助和指導。

在這段期間，會一一解決與提案公司相關的法規問題，備齊所有相關書面文件，並完成監督控管和會計方面的訓練。

最後，投資資金到位，這家公司就開始運轉了。由格萊珉通訊公司（Grameen Communication，隸屬於格萊珉事業家族的一家資訊科技公司）研發的會計和監控軟體，每天會從每一家新手創業家的公司收集關鍵數據，送到中央伺服器，彙整成所有公司的每日監管報告後，再經由操作簡便的儀表板（dashboards），⑦將數據資料提供給投資基金會。

諾賓計畫有一個堅定的信念：每個人都有潛力成為創業者，他能根據自己的創意成

---

⑦**譯者注**　蘋果公司 Mac 作業系統中的應用程式。讓使用者可以快速存取常用的資訊，顯示方式就像飛機儀表板一樣。

立一家公司，在照顧好自己的生活之外，也能對經濟和社會有所貢獻。藉由連結社會型企業基金、投資人、設計公司的專家，以及需要資金和支援的準青年創業者，我們證明了這個信念，也幫助了數千名低收入戶青年擺脫失業的困境。

從貸款到股權：鼓勵創業的關鍵

在格萊珉銀行成立初期，我為貧窮婦女推動微型信貸的時候，全球各地有許多專家都堅稱這個概念注定會失敗，因為創業精神是人類中的稀有特質，在窮人中相當罕見，在貧困婦女中更是少之又少。我則持相反看法。我認為人類都是創業家，不論男女，無一例外，不管他是住在偏鄉或都市，是貧或是富。諾賓計畫就是建立在這個信念之上。

微型信貸和諾賓計畫有一個很大的不同，因為後者的重點是為準創業人士提供股權融資，也就是投資資金，而非一般性的貸款。讓我在此說明一下，股權融資在社會型企業的世界如何運作。

社會型企業版本的創投資本，投資人不會從投資上獲取任何利潤，但是，他們可以拿回投入的資金，再加上一筆**股權轉讓金**（share transfer fee），相當於投資總額的二〇%，就只有這樣。所以，在諾賓計畫裡，創業者必須在雙方同意的期限內，償還他們得到的投資金額以及股權轉讓金。一旦完成這個部分，公司的所有權就轉移給創業者了。

將股權轉讓金定為二〇%，是為了避免所有權轉移時，還必須評估股權價值。從不同角度來看，從新手創業家和投資人攜手合作開始，這家公司得到的訓練、手把手指導、顧問服務、解決問題服務還有會計服務，這二〇%只能算是微薄的補償。這筆錢也將用來支付社會型企業基金的管理成本。有了這筆費用，相信我們的社會型企業基金就能自給自足，永續經營下去，繼續協助失業青年轉型成為企業家。

股權轉讓金以相對較低的成本做到了這一切。如果創業者是向孟加拉的銀行借錢，還款期為三年，利息負擔一定比我們所指定的二〇%高出至少一倍以上。如果還款期再長一點，利息一定會是我們的好幾倍。總而言之，我認為，創業者在取得公司所有權時必須支付的這筆股權轉讓金，是支付融資給新創事業相關成本的一個合理方式。

我相信像諾賓計畫的這類計畫，潛力無窮。這個概念以一種永續而且可以複製的方式，為解決青年失業或任何類型的失業問題，提供了一種可能性。它完全改變了我們的議程，把透過利潤最大化的企業新措施，或由政府投資大型基礎建設，以創造工作機會的傳統模式，轉變成簡單、永續而且直接的方式，為失業人士所構思的公司，提供微型股權融資。我們的行動會直接鎖定有問題要解決的人。這種解決方式，不再是某個目標不同的企業，也就是為某些人追求最大利潤的企業，所產生的不確定副產品。

和格萊珉銀行一樣，諾賓計畫也發展出一套可靠的運作方法。它可以運用在任何國家、任何城市、任何村落，或是任何社區。它本身可以獨立運作，而且財務上自給自足；它可以運用在失業或就業不足的問題發生的時機；在人口密集的都市或人口稀少的鄉村裡；在難民營或移民社群中；在低所得國家或非常富裕的國家。它之所以能夠運作成功，是因為所有地方的基本情境都是一樣的：所有人都是天生的企業家。

諾賓計畫的方法相當容易運用在大規模上，像是我們在孟加拉的做法，或是在你能想像的最小規模，一次針對一個失業人士。任何有錢投資的人都可以運用諾賓計畫，來為自己所選擇協助的社群解決失業問題。只要評估這個準創業人士所提出的公司構想；提供建議、輔導與支援，以增加這個新生公司的成功機率；然後提供一筆雙方同意在固定期限內償還的股權融資。此外，應該再包含一筆二〇%的股權轉讓金，以正式將公司的所有權從投資人轉讓給創業者。

如果有個社會型企業投資人，想同時投資二到三個新手創業家，收回股權融資的金錢後，又該怎麼處理？事實上，收回原本投資的金額後，社會型企業投資人可以自由選擇如何運用，他可以用這筆錢來投資另一個新手企業家，或是用在任何他偏好的目的上。

把這筆錢重新投資在另一個創業者的投資人，將把這個新經濟模式的潛在力量，發揮出最大的可能性。和慈善捐款很不一樣，用來投資社會型企業的錢永遠不會用盡。相反的，它能一直發揮作用，幫助一個又一個從失業困境中爬起來的人，並讓我們一步一步穩定邁向零失業率的那一天。

從孟加拉村落到紐約大街：微型信貸是鼓勵創業的工具

即使在地球上最富裕的國家，仍然有大量的人口困於貧窮，或近乎貧窮的狀態，因為他們被迫把工作機會當成唯一可能的收入來源。像美國這樣的國家，大多數的經濟苦難——這些苦難讓憤怒、沮喪、敵意高漲，導致二〇一六年唐納·川普意外勝選——可以追溯到一個事實：人類陷在一個依賴大公司維持當地經濟繁榮的制度裡。因此，當大公司把工廠移到海外或自動化，或是整個關廠的時候，就可能因此摧毀整個社區。在主要成員都是難以取得工作的弱勢族群，例如有色人種這類族群時，失業會變成一種永久狀態，宣告著一代接一代的人，將生活在掙扎和痛苦中。

我相信以創業做為解決方法，在解決美國以及其他富裕國家的失業問題上，能夠發揮重要作用，正如它在孟加拉所產生的效果一樣。為了提出證據，我舉格萊珉美國銀行（Grameen America）的成功為例，這家銀行已經把格萊珉銀行的方法與哲學，從孟加拉帶到了美國各大都市。

數十年來，人們總是感到好奇，到底微型信貸能不能在富裕國家裡，提供窮人自立的力量，以解決失業造成的傷害。這也是為什麼世界各國政府和企業領袖，長久以來研究格萊珉銀行，希望能向它學習的原因。第一個在美國複製的格萊珉銀行，於一九八七年成立於阿肯色州，這是美國最貧窮的州之一。那次的因緣讓我和希拉蕊．柯林頓（Hillary Rodham Clinton）變成了朋友，當時她是阿肯色州州長夫人，距離她入住白宮以及後來當選美國參議員和國務卿的時間還很久。

儘管有了阿肯色州的經驗，還是有很多人主張，格萊珉型態的計畫在美國不可能存在，因為美國的經濟和孟加拉大不相同。我一直強烈反對這一點。再加上有些人催促我，在美國透過實際的計畫證明我的論點。於是在二〇〇八年，我終於決定放手一搏。在獲得麻州企業家維達．喬金森（Vidar Jorgensen）的保證，願意提供財務與管理的支援後，我們創立了格萊珉美國公司（Grameen America, Inc., GAI），並從紐約皇后區傑克遜高地的一家分行開始做起。

回應來得迅速而且肯定。許多當地擁有多元背景的婦女，都非常興奮能有機會申請到信貸，開創她們自己的事業，或是擴展她們已經在經營的小生意。和孟加拉的情況一樣，GAI的顧客主要是由婦女組成，而且這些婦女是傳統銀行從來沒有考慮提供信貸的人，因為她們沒有抵押品、沒有資產、沒有儲蓄、沒有介紹人。她們有的只是一個構想，再加上願意努力工作讓它實現的強烈渴望。

幾個月之內，GAI傑克遜高地分行就招募到數百名會員。因為這個計畫的成功，來自全美各個城市的請求，如洪水般送到GAI辦公室，希望GAI能帶給他們同樣的服務。只是，要找到支持這個計畫的基金，不是容易的事。GAI的領導人決定放慢腳步，在開設新的分行之前，必須先確定有適合的基金到位。另一方面，他們也必須避免擴充過快的風險，因為那會分散並削弱人力資源以及管理能力。他們審慎考量，最後選出他們覺得真有需求而且當地財務支援夠強的地區。

GAI現在是由鍾彬嫻（Andrea Jung）領軍，她是雅芳（Avon）集團的前任執行長。在她的帶領之下，GAI已經建立了一個強大，而且財務上能永續運作的組織架構。到了二〇一七年三月，GAI在全美十二個城市，包括紐約、洛杉磯、印第安納波利斯、奧馬哈、夏洛特以及北卡羅萊納州，共有十九家分行，會員人數超過八萬六千人，全都是婦女。其中許多人是無證移民，她們通常因為身分問題很難取得主流的社會及金融服務。GAI會員目前獲得的貸款，總計已經超過五億九千萬美元，償還率仍然維持在九九%以上。

明年將會是GAI的十周年慶，屆時預估會員總數將會超過十萬人，累計發放貸款金額將會超過十億美元。在接下來的十年，鍾彬嫻希望能建立一百家分行，藉此服務超過一百萬名貸款人。要達成這個目標，將會需要十五億美元的放款和股權。只要GAI能夠得到有限的銀行業務執照，允許它收取存款，或是讓GAI成立社會型企業基金來籌募資金，這是一筆很容易達成的金額。

GAI經驗中的一個關鍵學習是，讓微型信貸在紐約和內布拉斯加這些地方成功的運作原則和制度，和我們研發出來用在孟加拉村落的完全一模一樣。我們只在婦女找到五個人組成一個小組，或是加入一個正在成形的小組之後，才會借錢給她。小組裡的婦女會互相支援、建議以及鼓勵。在得到貸款之前，小組成員必須向GAI人員提交公司構想，以及合理可行的執行計畫。會員必須承諾讓自己的孩子持續就學，並照顧家人的身心健康和營養，為建造一個更好的未來而努力。在這些方面，美國的格萊珉微型信貸所採用的方法，和孟加拉的完全一樣。

很重要的是，我們必須了解，全球各地所有搭順風車推出微型信貸的組織，並非完全遵照一致的規則。許多非政府組織推動的微型信貸，忽略甚至扭曲了那些讓格萊珉銀行成功和發揮功效的原則。最不應該的是，有些甚至把微型信貸從致力於幫助窮人的社會型企業（例如格萊珉銀行，確實是由窮人擁有和掌握），變成從窮人身上榨取利潤，讓富人更富的生財詭計。

結果，那些所謂的微型信貸公司收取八〇%以上的利率，比格萊珉銀行最高的利率還要高上好幾倍。他們聲稱，這麼離譜的利率是因為考慮到服務窮人的挑戰，以及不還錢的風險。但是，格萊珉銀行也面對了同樣的挑戰，卻依然確保窮人能保有和運用他們做生意賺來的大部分錢，而不是必須付給格萊珉銀行做為貸款成本。

另外有一些微型信貸組織堅持貸款必須提交抵押品，用資產做為保證還款的擔保。這個做法等於把世界上最窮的那群人排除在外，而他們正是我設計微型信貸原本要幫助的人。另外有些公司藉著協助辦理所謂的微型信貸方案，誘使窮人購買非必要的消費產品，完全違反了格萊珉的宗旨。我們放款是為了支持有生產力的投資活動，借款人可以因此建立資產，使自己和家人脫離貧窮。但是，過度消費借貸，往往讓人陷入債務困境，是把他們緊緊鎖在貧窮鏈中，而不是解放他們。

為了以上這些原因，我鼓勵所有想了解微型信貸如何運作的人，研究在孟加拉的格萊珉銀行、在美國的GAI，以及全球各地許多隸屬於格萊珉組織的機構。我強烈譴責那些被設計來為有錢老闆生財的微型信貸，他們扭曲了我們原本設計來幫助窮人克服貧窮的模式，濫用了微型信貸這個概念，造成全世界對微型信貸的用意產生困惑。

當然，孟加拉和美國的經濟和社會狀況大不相同，因此這兩個計畫在推動時的市場環境也會有所差異。舉例來說，在孟加拉，格萊珉銀行推行的地點在偏鄉，因為窮人集中在那裡；在美國，鄉村和城市地區都有窮人，但是目前為止，GAI分行只開在城市的中心地區，表示GAI所協助支援的這些小公司，都是根據城市的環境而設計，以服務城市的客戶為基礎。

此外，在美國要成立一家公司，需要的投資金額通常比在孟加拉多很多，因此平均貸款金額也高出許多。在孟加拉，許多婦女開始一個事業，只需要相當於四十到五十美元的貸款。這筆錢就足夠她們買一台縫紉車、手織機，或是簡單的商品，然後就可以在村中開一家小店；在美國，GAI的創業貸款大都在一千美元到一千五百美元之間。只要會員償還最初貸款並成立公司，就有資格再貸款，而且通常金額更高。

以下是幾個ＧＡＩ經由貸款協助的成功創業者案例：

- 達瑪利思（Damaris M.）在波士頓開了一家餐廳，叫做Sabor De Mi Tierra，供應加勒比海以及中美洲餐飲。她在二〇一四年加入ＧＡＩ，並用第一筆貸款一千五百美元購買餐廳的補給品。三年後，她已經申請到第六筆貸款，累計貸款總金額超過一萬七千美元，都用在擴充餐廳的規模。目前，達瑪利思有一位兼職員工；另外，因為業務量增加，她的兒子布萊恩（Brian）也到店裡幫忙，負責一大早的採購事務，她的女兒黛安娜（Diana）則主管外送事宜。
- 蕾娜（Reyna H.）有七個孩子，她想藉著創業賺取養育孩子的費用，並且為孩子樹立努力工作就有收穫的榜樣。二〇一五年她加入ＧＡＩ，借了一千五百美元購買油漆、商品、商品陳列架和珠寶盒，布置她在德州北奧斯汀開的精品店。現在，蕾娜借了第三筆貸款以添購科技設備，讓店裡可以提供刷卡，也希望搬到比較大的店面，離她在奧斯汀下城區的顧客近一些。
- 格瑞絲（Greisy N.）擁有一家開了十五年的美容院，但是缺乏必要的資源，以擴大店面並跟上日益成長的需求。二〇一六年，她加入ＧＡＩ在紐約紐澤西的分行，申請到一千三百美元的貸款，用來添購染髮劑以及其他美容產品。她也另外開了一個儲蓄帳戶，將每周收入的一部分存起來，希望將來可以用這筆錢來為店裡做早就該做的重新裝潢。

這些故事說明了一件事：我們為孟加拉偏鄉窮人所開發的這一套放貸制度，對美國城市裡的弱勢族群也能發揮同樣的效果。在美國複製這個計畫所需要的調整，都只是極為表面的層次。因為，人類的根本特質，包括最重要的一點，創業天賦的潛力，不分國籍，無論種族，都是相同的。這也給了我希望，在某個地方能成功解決失業問題的方法，也能在任何地方成功。

現在，既然GAI的基礎已經穩固，下一步自然就是藉著諾賓計畫，投資由美國低收入青年所成立的公司。我們正在規畫相關方案，希望很快就能推行。

創業精神、新經濟，以及零失業目標

對許多讀者而言，我在這一章說的故事似乎很矛盾。許多人，包括許多經濟學家在內，都認為美國是有史以來最有活力、最創新的資本主義國家，因此是創業經濟的楷模。然而，這個自由市場活力的大本營，長久以來卻受到失業這個看似無解的問題折磨，造成數百萬人沒有工作可做。

這個問題如此棘手，甚至迫使經濟學家發明一個自相矛盾的概念，也就是所謂的「充分就業」。但它根本不是指充分就業，反而比較接近一個定義模糊的最低失業率門檻（也許是四或五％）。這個「可容忍」的數字，等於把數百萬人棄於廢料堆不顧。這個字眼不只告訴全世界，數百萬人沒有工作還不算太壞，也告訴你，如果你不在那微不足道的數百萬人之中，就算很幸運的了。

有了格萊珉銀行的經驗，讓我有足夠的勇氣挑戰這個令人失望的教條。我知道只要我們為那些因無工可做而陷於困境的人，打開通往資金的大門，就可以將他們從無助絕望中解救出來。他們可以做任何想做的事，他們的心靈將會甦醒。徵才人員的一句「錄取」或「不錄取」，將不再決定他們的命運。他們不必再任人擺布。

有趣的是，我這個把失業者轉變成創業者的點子，竟然是從一個四十多年前絕大部分人口都是小農的國家開始。現在，我鼓勵高度工業化的西方國家，採用這個構想來解決失業問題，特別是青年失業問題。如果這件事真的發生，就是翻轉了過去的一般模式，因為以前都是從西方發明新構想，然後逐漸傳到南半球。我希望在富裕國家的朋友，不要只是因為這個構想來自一個不太可能的國家，就不敢運用。

如果我們能將失業問題翻轉成創業活動，我們所釋放出來的創造力、才能，以及生產力，將難以估計。更重要的是，我們可以把數億人從政府補助中解救出來，讓他們不必再承受被視為沒必要存在、沒用的人的痛苦。

同時，這麼做也將對持續惡化的財富集中問題，產生幾個重大的衝擊。首先，我們催生的每一個新的微型創業家，都將成為一個微型財富聚焦點。這些人所聚集的財富，不會流向金字塔頂層那一%、二%，或者五%的人口手中。一點一滴地，將會出現新的財富族群，這將有助於繁榮一%之外的社群。

第二，金字塔頂層那一%的人將會發現，為他們服務的人越來越少。因為所有微型創業家都忙著經營自己的公司，沒有空為那一%的人打工賣命。到了那個時候，流向頂層人口的財富也會隨之減少。

第三，創業活動一普及，婦女就更能全面參與經濟活動，這是不管開發中國家或富裕國家，都得面對的問題。現在的職場生態，對女性極為不利。許多工作並不適合女性。僵硬的職場規則，與女性想扮演好母親以及家庭支柱的心願互相衝突。即使事後補救，調整部分規則，試圖讓職場對女性更友善，也只能達到些微的效果。結果，數百萬女性感覺就像被強迫退出職場，這個世界似乎剝奪了她們發揮創意參與經濟的權利。

在普遍創業的世界，婦女可以根據她們的想法設計自己的工作，並運用科技在她們想要的地點、可以的時間工作。婦女將會開發出男人所未知的經濟領域；而數百萬名婦女所注入的活力，也將大大提升生產力。

有了這些改變，創業活動的普及將會加速帶動經濟成長。與其仰賴少數幾個大型經濟火車頭刺激經濟成長、創造就業機會，普遍創業能更快達到效果。它能提升一般人的收入與消費水準，從而大力擴展經濟。比起試圖多賣一些奢侈品給一小群已經擁有太多東西的富人，效果要好得多。

希望在未來幾年，我們所創立的新經濟制度，能夠讓目前單向流往金字塔頂層的財富停止，甚至倒流，以實現夢想中的公平世界。人們現在對政府福利津貼以及私人慈善事業的依賴，將被新制度取代。新制度之下，任何人都可以善加運用自由市場提供的機會，支持自己的家庭，並對社會進步做出貢獻。

這似乎是個不可能的目標。但現在我們知道，這不是不可能。我們對人類的能力缺乏正確的認知，才是阻礙達成這個目標的唯一關卡。

從這個新的角度來看，國際勞工組織提出每一年要為四千萬青年找工作的問題，看起來就很不一樣了。我所預見的，並不是四千萬青年排隊等著填就職申請單，而是四千萬新手企業家進入全球市場，成立新公司、解決問題、活化並重塑社群，並大幅提升經濟。假以時日，我們將看到勞工短缺取代勞工過剩；青年、老人、婦女、殘障者，源源不絕地以創意天賦和創新事業流入市場。職業介紹所不再負責為人找工作；相反地，他們的挑戰會變成說服人願意為別人工作。

我們唯一要做的就是改變經濟制度。而這一切必須從向目前控制著這個制度的正統信條挑戰開始。

5 零淨碳
——創造永續經濟

我一輩子都住在孟加拉。這個國家不久前還是全世界最貧窮的一個國家，因此不難看出我為何對貧窮和失業問題，產生那麼深的興趣和關注。但我對全球環境議題有同樣的關注，大家可能比較難以理解。其實，孟加拉也是地球上環境最脆弱的國家。從很多事情看來，孟加拉可能會是氣候變遷引發毀滅衝擊的原爆點。

如果你和大部分的美國人一樣，很可能會在地圖上找不到孟加拉的位置。它是南亞東北部的一個小國，而且被兩個人口、財富、權力快速成長的巨人鄰居——印度和中國，圍住大部分的邊界。孟加拉雖然是一個小國，人口數量卻名列前茅。事實上，孟加拉人口高達一億六千五百萬，是地球上人口第九高的國家。再加上國土很小，面積只有十四萬三千平方公里，比美國愛荷華州還小，使孟加拉成為地球上人口密度最高的國家。如果美國的人口密度像孟加拉一樣高，就可以裝得下全球所有的人口。

高人口密度是我們環境脆弱的一個原因。為了負擔大量人口而拚命追求經濟成長，使得孟加拉豐富的自然資源元氣大傷。為了生產木材、製成木製產品，用來蓋房子、做家具、生產紙張和其他產品，鄉村裡原本廣大茂密的山林，一片一片遭到砍伐而消失殆盡。工業快速成長，卻缺乏嚴謹的環保相關法規，更助長了嚴重的水質和空氣汙染問題。民眾依賴木材和煤炭爐煮食和生熱，即使在通風不良的屋內也是如此，導致成千上萬個肺部相關疾病的病例。

部分的環境問題，透過科技和政策改革，孟加拉就可以自行解決。但是，即使孟加拉著手解決這些問題，還存在著一個更大的環境問題，孟加拉對它幾乎無能為力，但它卻可能一舉摧毀大部分的孟加拉。

孟加拉人口密度高，國土低窪，境內數千萬民眾居住在恆河河口廣大的三角洲或鄰近地區，長久以來飽受洪泛之苦，洪水定期性淹沒大城市，橫掃無數農田村落，迫使數百萬人民逃離家園。洪泛是這個國家長久陷於貧窮的一個原因。每隔數年，農夫就要被迫從一無所有重新開始，因此難以聚集足夠的資金，打造比較完善的經濟未來。

現在，我們的國家又受到環境變遷的嚴重威脅。環境專家警告，全球燃燒化石能源所產生的吸熱氣體（heat-trapping gas），加快了地球上的冰帽融解速度，到了二十一世紀末，海平面高度可能會比現在上升三英尺以上。儘管孟加拉本身製造的碳排放量，只占影響氣候變遷的全球總量的〇・三%，它的人民卻將是首當其衝的受害者。根據孟加拉先進研究中心（Bangladesh Centre for Advanced Studies）執行主任暨氣候專家阿迪克・拉赫曼（Atiq Rahman）表示，到了二〇五〇年，上升的海平面很可能會永久淹沒孟加拉將近一七%的國土，迫使一千八百萬人口逃離家園。①除非全世界做出具體而強烈的行動翻轉問題的發展，否則這還只是災難的第一階段而已。

基於上述各項原因，孟加拉人民聯合其他全世界最貧窮國家的人民，決心致力於解決將人類帶到災難邊緣的環境作為。為了簡化，我把這個目標名稱概括為**零淨碳**（zero net carbon）。為了消除各種形式的環境汙染，我們的首要任務就是，要將會改變氣候的碳排放量盡可能降到最低，並且透過種樹等固碳做法，將無法消除的碳排放衝擊減至最

---

① **作者注** Gardiner Harris, "Borrowed Time on Disappearing Land: Facing Rising Seas, Bangladesh Confronts the Consequences of Climate Change," *New York Times*, March 28, 2014, https://www.nytimes.com/2014/03/29/world/asia/facing-rising-seas-bangladesh-confronts-the-consequences-of-climate-change.html.

低。既然能源消耗是所有經濟活動的基本元素，我發現**零淨碳**是個很好用的方法，可以概括我們的新經濟架構必須面臨的整個環境挑戰。

有些富裕國家的人可能會很驚訝地發現，孟加拉、印度、中國這些國家的人，對於拯救地球的健康有多麼嚴肅以待。他們可能會以為，開發中國家的人應該忙於追求經濟成長，相對地會較不關心環境問題。畢竟，今天的經濟大國在快速成長時期的態度就是那樣。在十八世紀、十九世紀的工業革命時期，以及二十世紀的機械化和都市化持續擴張時期，許多歐洲和北美國家一向很少關心他們對環境造成的傷害。砍伐森林、燃燒煤山和油田，原本多樣化的地貌變成單一植栽，魚類資源被耗盡，其他資源也被大舉揮霍。

直到現在，工業大國的人終於後知後覺，開始嘗試彌補已經造成的傷害。他們可能以為，現在的開發中國家，包括中國、印度、巴西、印尼、越南等國，將會步上他們的後塵，盲目發展經濟，完全不顧環境的後果，這也許是可以理解的。不想為環境保護付出努力和資源的某些西方人，甚至以此做為自己不作為的藉口。「我們可以花數十億美元整頓我們的產業，」他們辯說，「但那有什麼意義？中國和印度又不會這樣做！只要地球上的貧窮國家持續發展，不管我們西方怎麼做，全球汙染問題就注定要越來越糟。」

這是一個完全錯誤的假設，而且建立在一個錯誤的信念上，以為經濟成長與保護環境之間，存在必然的衝突。事實上，在發展經濟將整個社會帶離貧窮的同時，也保護地球環境，是非常有可能的。現代科技已經使得這個目標，比以往更容易達成。科學家和工程師在發展可再生的永續能源、低汙染的製造及運輸系統，以及不會破壞環境的農業、漁業、礦業與各種資源開採技術上，都有重大的進展。

幸好有這些突破，今天的開發中國家比起早期的工業化國家，在許多方面都有更好的優勢，能夠享受乾淨的成長。他們不必面對舊時代的科技，包括成千上百個燃燒化石能源的發電廠、維修需求很高的有線通訊電網、耗費能源的舊式汽車、卡車和飛機。這表示，他們可以直接跳到更有效率、更乾淨的現代技術。因此，發展中國家沒有必要為了經濟成長，而忍受一段汙染猖獗、環境崩壞的過程。而且，全球最大的發展中國家，中國和印度，已經加入我在第二章提到的《巴黎協定》，正採取嚴正措施以推行相關規定。

遺憾的是，孟加拉的環境紀錄還是相當不理想。今天，在孟加拉民眾向全世界呼籲，停止已經對這個國家造成嚴重傷害的環境破壞時，孟加拉政府仍然執意進行兩個嚴重威脅環境的計畫。

一個是一座發電量一千三百二十兆瓦（megawatt）的燃煤發電廠。它位於孟加拉南部的藍普，非常靠近松達班，那兒有全世界最大的紅樹林。因此，這個計畫將嚴重威脅這座已經被聯合國教科文組織（UNESCO）列為世界遺產的森林。

這個計畫引起群眾反對的聲浪，國內外環保人士也紛紛加入聲援的行列。然而，政府無視各方關注的聲音，仍然執意進行計畫。的確，孟加拉是需要電力，但是不應該以生命和生計為代價。孟加拉政府堅持進行計畫，等於向世界發出一個錯誤的訊息：它根本不在乎環境議題，寧願以環境為代價，換取立即的經濟收益。這個訊號將會減少各界對孟加拉克服全球暖化加速問題的支持。

第二項計畫是一個核能計畫，預計能產生二千兆瓦電力。自從一九八六年車諾比核災之後，我就反對核能發電；二〇一一年日本福島核能廠事故，更堅定了我反核的立場。上述兩起事件是震動人心的警鐘。每一座核能電廠都可能造成大範圍的巨大災難，奪走人的生命，以及延續好幾個世代的悲慘生活。核電廠是很脆弱的，地震、洪水等自然災害，還有人為錯誤、疏忽，再加上人為破壞、恐怖攻擊以及敵人襲擊，都可能造成重大災難。

孟加拉和鄰近區域是全球人口密度最高的地區。我無法想像為什麼要把一個可能造成巨大毀滅性的東西，放在這個地球上人口最集中的地方。

孟加拉是一個能源匱乏的國家。為了追求經濟成長需要更多的能源，給孟加拉一個很好的理由，促請全世界共同制定一個提供乾淨能源的全球性措施。方法不是沒有。其中一個需要鄰近國家通力合作。尼泊爾具有水力發電的巨大潛能，很適合發展乾淨能源。這個方案很可能幫助孟加拉，重返綠色環境運動的領導地位。

氣候變遷運動人士所組成的國際社群，在解決孟加拉的能源問題上，可以扮演積極重要的角色。這些問題提供了一個絕佳的機會，國際社群可以藉由提供先進的技術選擇，以符合成本效益的方法生產潔淨能源，同時協力資助這些計畫，以表達對這個受到氣候威脅的國家的聲援。如此一來，孟加拉就不會覺得走投無路，不得不重新啟用汙染能源；同時，也可以為其他面臨同樣問題的國家，樹立一個很好的榜樣。我相信這個世界還有時間提供這些幫助，讓孟加拉不必走上燃煤或核能發電這樣自我毀滅的道路。

我為我們的新經濟模式所設定的三大目標，彼此之間並無任何衝突。在追求零貧窮與零失業的同時，確實可能追求零淨碳。事實上，同時追求三個目標是必要的，因為這三者能夠相輔相成。如果我們以破壞環境的方式追求經濟成長，我們最後必須面對的是數兆美元的損失，那是我們對地球和所有生命依賴的資源所造成的傷害。不論從環境的角度來看，或是從實際經濟的角度來看，汙染的成長絕非永續的成長。

此外，歷史告訴我們，任何一個破壞環境的政策推行之後，受害最大的總是窮人。在已開發國家中，政治人物、決策人士以及企業領導人，往往決定將汙染、危險、有毒以及破壞性產業和設施，設在窮人居住的地區。從全球範圍來看，跨國公司發現將高汙染產業設在貧窮國家，成本較低，也較簡單。當某個國家民眾有就業與收入困難時，政治領導人往往犧牲環境，刪減或未能加強防止汙染的相關法規。這樣做雖然可能為窮人帶來工作，但往往是高汙染、危險且具破壞性的工作，反而讓貧窮社群的情況比以前更糟。

這些傷害窮人的環境犯罪行為，同時是全球貧富不均的原因與結果。嚴重汙染讓窮國更難擺脫貧困。這是窮人必須承受所有人類產生的問題。這個模式也說明了為什麼同時解決這些問題是如此必要，因為它們息息相關，互為因果。

格萊珉夏地公司：綠色創業改造能源市場

如果要舉一個例子，證明經濟發展和環境保護不必彼此衝突，反而能互相支援，可以看看格萊珉夏地公司（Grameen Shakti）的故事。它是我於一九九六年在孟加拉設立的開拓性再生能源事業。

我在《富足世界不是夢：讓貧窮去逃亡吧！》書中曾提到格萊珉夏地的故事，當時這家公司已經在孟加拉全國各地的住家，裝設了十萬套太陽能電板系統。當時，這項成就使格萊珉夏地公司成為全球最大的太陽能家庭系統供應商之一。從那時起，再生能源便以驚人的速度成長，格萊珉夏地一直擔任領路先鋒。二〇一三年一月，我們舉辦了一個典禮，慶祝第一百萬組太陽能家庭系統的裝設。到了二〇一七年年初，我們所服務的戶數已經超過一百八十萬。

這項成就的重要性，再怎麼強調都不為過。因為孟加拉大部分的村落，都不在國家電網的涵蓋範圍。即使有線路連接的鄉村，能源供應也經常中斷。而且，包括燃燒瓦斯和燃煤的電廠，這些傳統電力來源就是造成氣候變遷的主因，它對孟加拉的嚴重衝擊，我在前面已經提過。

綜合以上因素不難看出，將乾淨、平價、可靠的能源，帶給將近一千二百萬名孟加拉人的家中，是往前踏出的一大步。這項成就為學童提供電子照明，讓他們可以好好做功課；讓店員、社區中心、醫生辦公室以及清真寺，可以延長開放時間，豐富了無數人的生活，也拓展了經濟機會；協助農夫使用省人力的工具灌溉田地；偏鄉的女性創業者也開始能用電力縫紉機；而且，它還幫助數百萬孟加拉人使用網際網路，以取得和全球各地的人一樣的資訊和知識。

如同三〇年代羅斯福總統的「新政」（New Deal）措施，當時推行的偏鄉電氣化方案，幫助美國南方從貧困地區轉變為二十世紀經濟發展地區；太陽能普及也在幫助孟加拉村落與二十一世紀的世界接軌。

在生產再生能源給孟加拉窮人的這條路上，格萊珉夏地公司並不孤單。受到我們的成功經驗鼓舞，包括營利與非營利組織，大約還有三十家公司也加入市場和格萊珉能源競爭，提供他們各自的太陽能系統。我們非常樂見這樣的發展，因此開始使用再生電力的戶數，大約又增加了一百五十萬戶。

格萊珉夏地已經將產品多樣化，但都著重在清潔、可再生的能源。我們銷售改良式的家庭烹飪爐，它能減少許多村落使用傳統式鍋爐的問題，並降低室內汙染以及能源浪費。目前使用這種改良鍋爐的家庭已經有大約五十萬戶。格萊珉夏地也設立了數萬家沼氣廠，將牛糞等自然廢棄物轉換成可供煮食的甲烷能源。

格萊珉夏地已經將環境友善科技，變成成功的社會型企業，而且可以複製到全國各地。

海地：拯救破敗鄉村和靠鄉村謀生的人

在第四章中，我花了很長的篇幅說明，創業在降低失業率以及打擊貧窮上扮演重要的驅動力。我之前也解釋過，我認為傳統的經濟發展概念，在促進經濟成長上，對大公司和大型產業計畫寄予太多厚望。事實上，更健康、更永續的做法，是提供數百萬人民至少相同程度的支持，讓他們發揮本身的創意，因為他們絕對有能力針對自己居住社區的需求，產生新的公司構想。提供這樣的人適當的工具，幫助他們實現創業的夢想，特別是幫助他們取得成立新公司所需要的投資資金，將有助於改善村落、城市、區域，甚至全國的經濟面貌。

但是，當我強調創業對於保障經濟成長的重要性時，我也承認，大企業在我們創造新經濟制度時將扮演重要的角色。儘管受過經濟學訓練，但我從來就不是理論派或空想家，而是務實主義者，強調透過嘗試錯誤、實際實驗，找出什麼有效、什麼無效的做法。隨著經驗累積，我發現，有些社會問題可以藉由利用大公司的豐富資源而改善，其中包括相關經費、市場管道、成熟技術，以及一大群擁有管理專長與經驗的人才庫。

更關鍵的一點是，有志加入我們新經濟運動的大公司，必須下定決心徹底改頭換面，走出追求利潤最大化的世界，以新的角度檢視社會的挑戰，並設定全新的目標和指標。基本上，這需要至少有一位擔任高層，或接近高層、有遠見的事業領導人，他能突破舊思維、勇於嘗試新方法，以不同的人性角度，例如理想主義、慷慨、無私，實際進行實驗。

透過工作，我認識了一些具有這類特質的企業領導人，包括達能集團董事長法蘭克・李布；達能集團執行長范易謀；麥肯食品（McCain Foods）區域總裁尚・柏努（Jean Bernou）；以及維珍（Virgin）集團創辦人理查・布蘭森（Richard Branson）。

我認識布蘭森已經好多年了。他不只是一個成功的商業人士、行銷天才、身段華麗的創業家，也是慈善組織「B Team」的共同創辦人。這個組織是由一群企業高層和領導人組成，他們接受挑戰，「研擬『B計畫』（Plan B），以一致、積極的行動，確保企業成為社會、環境和經濟利益的驅動力。」這個組織的網頁上還寫著：「所謂的『A計畫』（Plan A），也就是以利潤為主要動機的企業，已經不再是選項」。②B Team致力於改革傳統企業，希望從原本以利潤為唯一導向，轉變為以人類－地球－利潤為導向，而且三個目標地位相等。

我也是B Team的成員。其他還有網路創業家馬克・貝尼奧夫（Marc Benioff）、媒體創辦人阿里安娜・赫芬頓（Arianna Huffington）、挪威總理及世界衛生組織（World Health Organization, WHO）前任主席葛羅・哈林・布朗德蘭博士（Gro Harlem Brundtland）、愛爾蘭前總統瑪麗・羅賓森（Mary Robinson）、巴西創業家吉列爾梅・萊雅爾（Guilherme Leal，按：巴西美妝公司大自然化妝品〔Nature〕高階主管）、慈善家約亨・塞茲（Jochen Zeitz），以及聯合國基金會（United Nations Foundation）總裁暨執行長凱西・卡爾文（Kathy Calvin）。

我知道布蘭森對於既能幫助人又能保護地球的公司計畫有興趣，於是在二〇一三年，我帶了一個計畫去找他投資。這個計畫是尤努斯社會型企業（YSB）設計的海地森

---

②作者注 “About the B Team,” http://bteam.org/about/.

林（Haiti Forest）公司。這是一個希望在這個島國造林的大型計畫的一部分。這是一項至關重要的任務，我們希望藉此幫助很多海地人民脫離貧窮。

森林向來是海地在生態和經濟上極為重要的資源。在加勒比海型氣候區，森林是減緩熱帶風暴衝擊最關鍵的因素，它能夠預防水土流失，調節水循環。

一九二三年，海地的國土面積有六〇%被森林覆蓋。然而，在之後的數十年間，森林面積已經大量削減。原因有好幾個。大型木材公司大舉濫伐，短短數年之間，就把樹齡高達幾百歲的大樹砍伐殆盡。濫伐的結果造成一個惡性循環，在沒有外力介入下，森林幾乎不可能重建。有些公司嘗試以種樹來重新造林，但是那要花好多年才能長成大樹。當地村民因為極度貧窮，只好把成材的樹木，以及數百株還未成材的小樹都砍下來，因為他們需要用這些木頭來搭建蔽身之處，或是燒製煤炭生火，以及出售賺錢。

今天，海地的森林覆蓋率只剩二%。這個改變是毀滅性的。和其他國內森林受到摧毀的國家一樣，海地也面臨了同樣的問題。原本森林極為重要的固碳功能，已經大幅降低，因此氣候變遷所帶來的衝擊，也更具毀滅性。

農業也受到嚴重影響。沒有了森林，表土就容易被雨水沖刷到山腳下，然後流進河流、湖泊或海岸；農夫的田地養分耗盡而變得貧瘠；水資源也因為土地飽受侵蝕而大量流失。貧窮問題比以前更加根深柢固。森林毀滅與人類受苦的循環，不曾稍減。再加上數十年來受到專制統治以及自然災害的破壞，包括二〇一〇年襲擊海地的強烈大地震，使這個國家的問題更形惡化。這些環境上的困境，正是讓海地名列西半球最貧窮國家的原因。

成立海地森林公司的目的，就是要開始一片一片重建森林的過程。這是由社會型企業發起的活動，並受到非官方組織的支持，其中包括大自然保護協會（Nature Conservancy）提供環境、農業以及森林方面的專業支援。此外，布蘭森的維珍聯合（Virgin Unite）慈善基金會以及柯林頓基金會（Clinton Foundation），則提供慈善捐款以及社會型企業投資金，其中借出的開辦資金完全不收利息或分紅。海地森林計畫每年種植超過一百萬棵樹，目標是在海地中部平原地區的聖米歇爾德拉塔拉葉市（Saint-Michel-de-l'Attalaye）周圍，重建一千公頃（將近二千五百英畝）的林地。

除了改善海地受到嚴重傷害的天然棲地，這個計畫也將改善農夫的生計。包括水果、咖啡、油等森林相關產品生產也將擴充，為農民增加營利項目，也為當地居民增加就業機會。藉著支持生產森林素材商品的新創事業，這個計畫也將創造更多農業領域以外的工作機會。

其中一個例子是克里奧精華（Kreyol Essence），它是一家生態奢華美妝品牌，主要產品原料為海地特產黑蓖麻油。公司創辦人是兩位海地裔的美國人伊芙－卡．蒙柏若斯（Yve-Car Momperousse）和史蒂芬妮．讓－巴提斯特（Stéphane Jean-Baptiste）。她們兩人住在費城，直到伊芙－卡遭遇了「頭髮大災難」。她的頭髮因為髮型師在為她做護髮時過度加熱而嚴重受損。伊芙－卡想起海地家鄉的婦女，都是使用當地的黑蓖麻油修護受損的頭髮，於是在美國到處尋找這種產品，卻遍尋不著。她和史蒂芬妮於是有了成立公司的構想，希望能使古老的傳統再生，並讓全世界的婦女都享用得到。

今天，克里奧精華和海地的農民，尤其是婦女小農，一起合作種植蓖麻樹，收成後，則以高於市價的價格，向她們收購蓖麻以及製油的蓖麻種子，以確保蓖麻油價值鏈裡的每一分子，都能有永續的收入。這家公司是眾多新創企業中的一個例子，他們一方面協助重建海地被摧毀的村落，一方面也創造經濟活動，減緩海地人民所受的赤貧之苦。

烏干達：面對每日環境挑戰的創業方案

在第二章中，我提過非洲國家烏干達的經濟未來，如何因為創業潮而變得更有活力。烏干達的年輕人成立公司，產生經濟活動，為帶領他們的家人脫離貧困，創造了更多的可能性。

因為烏干達還是一個貧窮國家，全國將近四分之一人口的生活仍低於最低貧窮線，因此促進經濟成長的確相當重要。但是，追求經濟成長不應該以環境的永續發展做為代價。就像海地，就像許多開發中的國家，烏干達也面臨了嚴苛的生態問題，亟需關注。人口成長導致土地過度開發，破壞基本的森林保護區和濕地，造成土壤流失，水資源減少。今天，烏干達國內大約二〇%的城市居民，以及超過五〇%的偏鄉村民，都缺乏乾淨的飲用水供應。人口成長，以及缺乏完善法規管控的製造業和礦業所製造的汙染，將有毒物質帶入水源。汙染問題也使許多稀有鳥類、動物和植物品種受到波及，這些生物不僅本身相當珍貴，更是國家公園以及野生生物保護區吸引觀光客的寶貴資源。

既然環境挑戰已經迫在眉睫，烏干達社會型企業創業者的任務就更形重要，不只要創造工作，支持經濟成長，還必須同時處理汙染和水質等問題，從各方面協助烏干達提升人民的生活，而非只著眼於金錢層面。ＹＳＢ烏干達的計畫裡，就包含了好幾個以環境問題為使命的社會型企業創業個案。

其中之一是生產、銷售再生塑膠製品的薩夫科磨坊（Savco Millers）。和世界各地許多快速成長的都市一樣，烏干達的首都坎帕拉也面臨大量垃圾問題，尤其是塑膠類廢棄物的處理問題，包括購物袋、包裝紙、水和飲料罐等等。據估計，烏干達每天製造的塑膠垃圾量超過一百零八公噸，但是回收的數量還不到這個數字的一半。因此，許多垃圾就堆置在城市垃圾場，既不美觀也不衛生，嚴重破壞坎帕拉窮人的居住空間。

然而，穩定累積的塑膠廢棄物竟然也為有心創業的坎帕拉居民提供了一個事業機會。居民當中有許多人就靠著在當地垃圾堆做分類，撿拾可以回收賣錢的塑膠廢棄物來補貼收入。這份工作既骯髒又危險，但對窮人來說，多少可以賺點收入救急。

薩夫科磨坊是受到ＹＳＢ支持的一家社會型企業，它的任務是為坎帕拉人民改善上述工作的流程，同時減輕塑膠垃圾造成的環境問題。公司直接和塑膠回收人員合作，為他們提供訓練、防護裝備，並且以相當高的價格收購他們收集的塑膠。價錢可以這麼好是因為，薩夫科把通常由中間商處理垃圾，並從中謀取暴利的過程縮減掉。薩夫科磨坊將廠內的塑膠加工處理，轉變成各種新產品，包括植樹袋、工地蓋布和垃圾袋，再把這此產品以平實的價格賣回給當地社群。

有些和薩夫科磨坊合作的回收人員，已經因此而脫離無家可歸和貧窮的困境。以威廉・梅爾（William Male）為例，他從前在坎帕拉街上流浪，現在靠著收集塑膠廢棄物，將自己從「扒竊和吸食強力膠」的深淵中救回來。因此可以說，薩夫科磨坊運用簡單而有力的商業模式，同時解決了兩個急迫的社會議題，也就是失業以及環境惡化的問題。

另一個得到ＹＳＢ支持的社會型企業是綠色生質能源（Green Bio Energy）。這家公司設立在布格洛比，距離坎帕拉繁華的市中心南方大約四・五英里的地方。綠色生質能源生產、行銷兩種主要的產品線：家用及商用的煤餅，以及小型可攜帶的單爐烹飪爐。

木炭和燒炭爐是烏干達常見的生活用品。木炭是由從烏干達快速萎縮的森林中砍下的樹木燒製而成。但是綠色生質能源所製造的產品，和其他同類產品不一樣。二者都經過精心設計製造，確保對環境、經濟友善。用大大的紙袋裝著，上面印有布里克提（Briketi）品牌字樣的煤餅，是完全以再生木炭和木薯皮、香蕉皮、米糠、咖啡渣等各種不同農產廢棄物製成。因此明顯減少了砍樹的需求。這種煤餅很耐燒，因此對使用的家庭更經濟實惠。它也能完全燃燒，不像傳統木炭燃燒時會產生很多煤灰和煙。這對經常得花好幾個小時，在狹小而通風不良的家裡蹲在爐火旁的婦女來說，受惠良多。

最大的優點是，這種煤餅一袋五公斤重，零售價大約只要二美元，就足夠讓一般家庭用上五天。價格非常合理，連最貧困的家庭都買得起。難怪布里克提煤餅現在已經成為坎帕拉市場上最暢銷的商品，不僅深受家庭歡迎，餐廳、醫院、學校等商業客戶，以及任何需要煮食的場所都相當愛用。

另外，布里克提品牌的環保爐（EcoStove）和烏干達傳統設計的家用烹飪爐相較之下，也做了一系列微小但相當重要的改良：體積較小、通風口更大更多、陶瓷表面的厚度更均勻、重心更低。設計上的改良使得這種烹飪爐更節省能源、燃燒更完全、使用上更安全、更能降低潑灑及傾倒的風險。在都市的雜貨店、鄉村的小商店或販賣亭，都買得到這種環保爐，廣受大眾愛用。打從二〇一三年環保爐推出之後，頭三年的每個月銷售量，就從八十台左右一路飆升到二千五百台。

綠色生質能源在二〇一一年成立，創辦人是愛上烏干達風土民情的一對法國外籍夫妻。公司現在聘用了超過七十名當地居民，負責管理、銷售、物流以及生產線的工作。公司的工程小組以及研發人員，以符合對烏干達環境友善的方案為原則，正積極開發更多新的產品構想。

再舉一個以環保為使命，受到ＹＳＢ支持的社會型企業為例，那就是水激力公司

（Impact Water）。我在前面提過，水汙染是烏干達面臨的一個大問題。在烏干達，超過九百萬人口無法取得安全的飲用水，估計每星期大約有四百四十名孩童死於水媒傳染病，因為水汙染而生病或產生健康問題的人數還要更高，連帶地也使得學童出席率降低。這又是一個貧窮、失業、環境惡化等問題互為因果的例子。窮人是最容易缺乏飲用水的族群；貧窮人家的孩子很容易因為水媒傳染病不能上學，學習進度因此落後，甚至無法畢業。這又大大增加他們失業的機率，讓他們更深陷於貧困之中……如此惡性循環下去。

為了解決這個問題，數百萬烏干達人將水煮沸才飲用，過程既花錢又費時，需要很大的耐心，很多人根本等不及把水煮開，結果喝下去的水還是有汙染物。而且，因為木材是最常用的生火能源，每天煮水使得我提過的森林砍伐問題更形嚴重。

水激力製造乾淨的飲用水，以提供給孩童最常待的地方——學校，希望能打破這個惡性循環。公司的工程人員研發各種不同的淨水系統，盡可能以最低的成本產生最大的效益，以滿足不同規模的學校，以及不同類別的水源需求。以小型學校來說，一個每小時能提供三到五升的水、不需用電的陶瓷過濾系統，就足夠了。大一點的學校則適合採用超濾（ultrafiltration）系統，水流經過碳過濾網和中空纖維膜，同樣不需要電力。最大型的學校則建議使用紫外線消毒系統，它會將淨化的水儲存在大型不鏽鋼水塔。最後這個淨水系統一天也只要使用一至二小時的電力。對一個電源供應不可靠，甚至某些地區沒有電網的國家而言，這是一個很合理的要求。

水激力為了加強服務，還提供學校兩年的預防維修（包含在每一次的安裝中），以及貼心的付費制度，因此，即使資金吃緊的小學校也享用得起乾淨的水。例如，水激力主動和學校合作，讓分期付款的時間配合學校收到學費的時間。它也和全國各地的學校簽約合作，以提供乾淨的飲用水吸引家庭送孩子來就學。安裝水激力淨水系統的學校，可以很驕傲地宣稱自己是現代化的學校，能提升孩子的健康狀態，而孩子能夠維持健康，就能降低無法上學的次數。

到了二〇一六年年底，水激力已經在超過一千所學校安裝了他們的淨水系統，受惠的學生人數超過五十萬人。在持續拓展學校客戶的同時，該公司也積極開發新的市場，包括軍營和監獄。水激力越快將它的淨水系統推廣給越多的人，就能對解決水媒傳染病產生越大的作用。

烏干達是人口快速成長的國家，有許多不同的環境問題尚待解決。像薩夫科磨坊、綠色生質能源、水激力這樣的社會型企業新創公司，正在協助從根本解決這些問題，同時也有助於創造就業機會，以及持續經濟成長。它們的例子證明，經濟發展和環境惡化的關聯，這種傳統假設已經不再成立，乾淨成長不再是一種神話，而是一件事實。

新經濟和零淨碳新目標

誠如我提出的例子所顯示的，全球各地蓬勃發展的社會型企業，正致力於以銷售產品和服務的方式，解決各種不同的環境問題，包括森林砍伐、塑膠垃圾山，到缺乏飲用水。一個共通的基本原則是，所有的社會型企業都必須做到環保永續，不論他們的主要目的是降低貧窮、提供健康照護、改善教育環境，或是任何其他目標。

我希望這個理由很明顯：我們所有的經濟實驗都是以讓世界更好為共同的目標。假若一個所謂的社會型企業協助降低了失業率，或是增進了孩子們的營養，卻助長了對地球的傷害，讓我們的星球更不適合延續生命，那就不算是對人類創造出長遠的福祉。人類絕對有賴一個健康的星球才能繼續存活下去。因此，一個真正的社會型企業是不可能不給予環境它應得的尊敬和關懷。

然而，如果認為光靠社會型企業的力量，就能解決我們所面臨的環境危機，那是大錯特錯了。我們需要從各方面一起來解決這些問題：對生活模式的關注；政府對能源、採礦以及企業的政策；以及其他各種因素。既然以利潤最大化為目標的企業，在可見的未來仍將代表大多數的企業活動，我們必須堅持要求他們遵守對環境負責的原則。政府的法規，和來自於客戶與民間組織的社會壓力，將扮演重要角色，確保規範能徹底執行。如果我們的世界變成只靠社會型企業在努力修補人類行為對環境所造成的傷害，同時間卻允許追求利潤最大化的公司繼續製造新的傷害，就一點意義也沒有了。

這表示所有的公司都必須自發地加入這個重大行動，只要堅持我們共同擁有的人性，對我們所依賴生存的環境做出符合道德且負責任的行為。社會型企業的獨特之處，在於它不追求利潤，因此有更大的彈性和自由實驗新的方式，去改善和修補環境問題。少了市場期待以及不斷追求更高利潤的束縛，社會型企業得以打造更高境界的目標，像是保護全球的共同性——全球共同擁有的資產，包括乾淨的空氣、水、農地，以及其他資源——不必去煩惱他們的活動到底能不能為個人創造財富。

不論是已開發國家，或是像海地、烏干達這樣的低所得國家，都迫切需要能夠解決環境問題的社會型企業。你不難想像北美洲、歐洲以及東亞這些富裕國家的社會型企業，努力發展可再生能源、垃圾再生、安全的飲用水，到永續的種植技術、環保的產品包裝以及節省能源的交通運輸系統，各式各樣的領域。這一切的可能性，將超乎人類所能想像。

朝零淨碳的目標邁進是一個艱巨的任務，需要所有人、所有組織共同投入。要達成這個目標最基本的前提，就是要有一個新的經濟架構，讓所有為社會目標而努力的企業，都能有足夠的空間永續成長。

6 通往更好未來的地圖

對於這個世界和它的未來，人們的態度總是從一個極端，擺盪到另一個極端，而且往往與當時的政治風潮，或是否有啟發人心的全球精神領袖，息息相關。有時候，新聞媒體和大眾表現得非常樂觀而充滿希望；有時候則深陷悲觀情緒甚至絕望之中。

現在，我們似乎正在經歷一段極端悲觀的時期。許多人對「任何問題都可以解決」這種想法表示嘲諷；在他們口中，國家政府、非營利組織以及跨國機構，根本沒有能力產生任何有意義的改變。有些人甚至下了定論，認為人類不可能改變萬能的「自由市場」所造成的任何後果。

我在本書中已經明確表示，我認為人類現在面臨的問題非常嚴重。包括財富集中、全球貧困、健康照護和教育上的差別待遇、人權受到忽略、環境惡化，以及氣候變遷，種種問題都需要立即且共同的關注。在有些情況下，特別是與環境變遷有關的議題，根據專家的意見，我們可能已經接近一個關鍵的轉捩點，必須做出有力、迅速的行動，才能避免可能發生的災難性事件。

然而，儘管我認為人類社會正面臨著嚴重的問題，基本上我仍然對未來抱持樂觀的態度。我相信我們有能力做出正確的改變，解決問題，讓地球上的每一個人都能過更好的生活。

我的樂觀背後有幾個原因。一個最根本的原因是一項簡單的邏輯：既然問題是人類製造出來的，應該就可以被人類解決。改變我們的思維和行為，就能夠對人類文明的未來產生巨大的影響。

另一個讓我樂觀的事實，就是已經有許多跨國合作成功的故事，其中包括千禧年發展目標以及永續發展目標（Sustainable Development Goals, SDGs）。

千禧年發展目標根據的是二〇〇〇年聯合國千禧高峰會議的決議事項。由與會的一百八十九個成員國共同簽署，至少二十二個國際組織共同宣誓，協助全世界在二〇一五年之前達成下列八項目標：

1. 根除極端貧窮和飢餓。

2. 普及初等教育。
3. 賦與婦女權力並促進男女平等。
4. 降低嬰幼兒死亡率。
5. 改善孕產婦的保健。
6. 對抗HIV（人類免疫缺乏病毒）／AIDS（後天性免疫症候群，即愛滋病）、瘧疾和其他疾病。
7. 確保環境永續發展。
8. 促進全球合作發展。

每一個目標都有明確的任務和預計達成日期。為了加速進展，全球經濟八大國（一般稱為G8）的財政部長於二〇〇五年六月決議，投入更多的財經影響力，表現他們實現目標的承諾。他們同意提供足夠的基金，一方面設立銀行，一方面提供國際貨幣基金組織，以抵銷極度貧窮國家大約四百億至五百五十億美元的債務，讓這些國家得以將資源投入降低貧窮、改善健康與教育的計畫。

千禧年發展目標代表人類歷史上一個重要的里程碑。在此之前，全球各國領導人之間，包括富裕國家和貧窮國家，沒有任何共同認可的全球發展架構。因此，千禧年發展目標就成為有史以來以可量化目標做為全球共識，所共同制定的一套最重要決議。

你可能已經預見，千禧年發展目標雖然深受像我這樣的樂觀者熱烈歡迎，悲觀人士以及憤世嫉俗者卻很不以為然，他們不認為有什麼值得期待。現在，千禧年發展目標當初雄心勃勃的期限已過，到底達成了什麼結果？我們又從中學習到什麼？

像我這樣的樂觀人士正在歡慶全球推動千禧年發展目標所達成的成就，但悲觀人士則忙著指責千禧年發展目標的失敗。我很高興孟加拉的成功能夠得到認可，尤其是它在降低貧窮率方面的成果。孟加拉國家設定的目標，是在二〇一五年之前將貧窮率降到二九％以下。結果目標提前兩年達成，到了二〇一三年，貧窮率就降到了二六．二％，比目標還多降了將近三個百分點。孟加拉也做到了小學和中學入學資格完全性別平等、嬰幼兒的死亡率明顯下降，並且在孕產婦保健上做出重大改善。最後，孟加拉在八項千禧年發展目標上都取得了重大進展。這些成就鼓舞了孟加拉人民的士氣，並做好準備為追求更好的未來繼續努力。

以這八項目標來評估可以發現，全球各國所達成的進度並不一致。有些國家達成了其中幾項，有些國家受到政治動盪和財政不足的影響，連一項都沒有達到。我們必須記得，在千禧年發展目標的最後七年，相當於整個過程的一半時間，都籠罩在經濟大衰退的陰影之下。這是一場自一九三〇年代經濟大蕭條以來最嚴重的經濟崩盤。相較之下，它對開發中國家所造成的衝擊，比對富裕國家的打擊更為重大。

因此，在這樣的局勢之下，讓所有真正按照千禧年發展目標所達成的各項進展，更顯得意義非凡。雖然從全球整體來看，目標並未達成，但是個別國家，像是孟加拉，則達成了其中幾項最艱難的目標，而且在其他幾個目標也有出色的表現。另外，許多重要的全球性成就也達成了，包括：

- 全球成功地將生活於極度貧窮（每日平均所得低於一．二五美元）的人口數量降低超過一半；從一九九九年的十九億人，降到二〇一五年的八億三千六百萬人。
- 儘管普及初等教育的目標並未達成，開發中國家的學校入學率到了二〇一五年已經上升到九一％，與前幾年相較，已有重大進步，並向百分百就學的目標跨進了一大步。
- 男女平權在許多層面上都有了明顯的進步。例如一九九〇年在南亞，男孩女孩的就學率為一〇〇：七四，到了二〇一五年，則為一〇〇：一〇三。從一九九〇年到二〇一五年，國家立法人員的女性比例增加將近一倍（雖然女性占全世界立法人員比例仍然只有二〇％左右）。

・一九九〇年，孩童死亡率為九％；到了二〇一五年已經降到四・三％，降幅超過一半以上。

・二〇〇〇年到二〇一三年間，ＨＩＶ新增感染案例降了大約四〇％，瘧疾發生率也降了大約三七％，估計大約六百二十萬人因此得救。

我們處於一個非常獨特的年代。這個年代的社會有豐富的經濟資源；前所未有的技術工具；相對而言較為高度的全球和平、自由以及合作，勝過人類過去的所有經驗。經由千禧年發展目標的成果，我們知道，人類社會絕對有能力完成任何我們決心要做到的目標。這就是為什麼我對人類的前途如此樂觀，為什麼要積極號召更多盟友加入戰役，在未來創下更多非凡功績的最重要原因。

全球待辦事件備忘錄——永續發展目標

受到千禧年發展目標的成就鼓舞，聯合國成員國再次團結起來，為全球設定一系列更遠大的目標，稱為永續發展目標。來自世界各國的技術專家、決策人士、社會運動分子，經過研究、諮詢與討論，最後定下的永續發展目標，包括十七項總體目標與一百六十九項具體指標，每一項都可以用量化條款加以定義，因此能夠清楚評估、監控以及測量進度。整體目標是在二〇三〇年之前，達成所有的十七項目標。

和千禧年發展目標一樣，永續發展目標代表著人類文明史上的一個重大突破。在此之前，全球各地代表從來不曾在一個會影響地球未來生命的環境現實架構中，為了追求一組雄心勃勃的共同目標，結合彼此的力量，一起解決全人類族群面對的問題，這些族群包括貧與富、男與女、老與少，以及每一個種族、文化與教派。

永續發展目標這個標題中的**永續**一詞，是這個目標想傳達的最主要訊息。我們所採取的任何行動，從興建基礎建設、創造新產業，到建立城市、發展創新技術，不只影響我們，也會影響我們賴以維生的地球生態。我們選擇如何運用自然資源、如何因應人口變化、如何生產和消耗能源，以及如何分享經由社會活動而產生的財富，所有的這些行為都會影響到自然環境，也因此會影響到人類未來的生存。我們不可以再基於立即或短期的需要做決定，必須把未來世代的希望和需求牢記在心。

這就是永續的意義。它代表吃果實但不傷到樹，並讓樹木保持茁壯多產，如此一來時間一長，每個人都能享受更多的果實。在過去幾十年間，政府官員、科學家、經濟學者、企業精英、社運人士，以及其他各界的領袖，已經逐漸達成共識：未來的任何發展計畫和規畫，都必須考慮到永續性。

為什麼我們必須改變思維以達到永續的要求，最明顯的例子就是氣候變遷的問題。三十或四十年前，少數高瞻遠矚的地球生物圈專家開始提出警告，要大家注意碳排放問題即將帶來的危險，但大部分的人只覺得他們瘋了。「數百萬年來，地球的氣候和天氣本來就一直持續變化，現在你們卻說幾部車和幾座工廠所造成的汙染，將使我們的星球在未來五十年或七十年後毀滅？我看你是瘋了。」

然而，現在幾乎沒有人會這麼說了。科學證據持續累積，我們終於了解，久遠前的氣候變遷，的確造成了許多大規模的物種滅絕，其中包括六千五百萬年前的恐龍。我們也看到許多清楚跡象，顯示全球氣候正在變化，而且速度比專家預估得更快。終於，國家領導人總算立場一致，表示「我們必須阻止。我們必須採取行動，預防全球平均溫度比工業時代之前的溫度，上升超過攝氏一．五度」。因此，才有了我在第二章提過的《巴黎協定》，並訂出必須遵守的基本措施和原則，確保未來我們進行的經濟活動，都不會助長全球暖化的問題惡化。

但是人類不只面對氣候變遷這一個永續問題。其他影響人類與自然環境之間關係的改變，都應該以長期生存的原則加以檢驗。例如，即使不把氣候變遷的衝擊考慮進來，如果我們繼續以現在這種速度砍伐地球上的森林，人類也不能存活下去；如果我們繼續像現在這樣濫捕魚類和海底生物，就不可能期望未來能夠達到人口的營養需求；如果我們繼續實施以化學思維為主的單一種植方式，消耗土壤的養分，導致作物更容易枯萎和罹病，未來農夫養活全人類的能力將大打折扣；繼續過度使用抗生素，將增加毀滅性流行病發生的機率，這些流行病可能造成數億人死亡；除非我們不再讓塑膠垃圾流入運河和河流，最後流到太平洋中央堆成不斷變大的塑料垃圾帶，否則我們很快就得吃著肚裡裝滿消化不了的塑膠微粒的魚，喝著含有塑膠微纖維的水。

這些例子說明，我們今天所做的決定，將影響未來數十年甚至數百年內，如何在地球永續生活的可能性。

此外，永續也牽涉到社會、經濟以及政治等，與環境或生物非直接相關的因素。以經濟上的財富不均為例，如果目前的趨勢持續下去，越來越多的財富和所得被導入越來越少的人手中，社會上各族群之間的壓力和緊張將會無可避免地惡化。絕望的窮人將走向犯罪之路；在失能的經濟制度下，被迫在貧民窟與難民營掙扎求生的人，終將發起暴動、暴力行為，造成社會動盪；數百萬的難民將像洪水般沖過邊境，要求富裕國家把所累積的資源與他們公平分享；各國之間為了爭奪石油、礦產、水源或農田等經濟資源，引爆戰火的可能性也隨之升高。至於因為經濟衝突而分裂的民主社會，也很容易受到誘惑，將政權交給承諾以建造高牆或組織國民衛隊以打壓內亂並限制窮人不得越境的寡頭政治家。

在這種情勢下，人類社會將不可能永續發展下去。在實際的層面上，經濟公平與我們對正義、民主與和平社會的期望，根本是密不可分的關係。

克服貧窮是確保人類和平的根本之道。公平分配財富說到底就是一個永續性的問題，就像氣候變遷、空氣汙染，以及過度使用自然資源等問題一樣。

解讀永續發展目標中的十七項目標時，必須把這些現實謹記在心。這些目標共同呈現出一個激勵人心的願景，一個在二〇三〇年的預定日期之前，我們所能打造出來，或至少正在努力打造中的更美好世界。

永續發展目標的十七項目標如下：

1. 消弭貧窮：終止任何地方、任何形式的貧窮。
2. 零飢餓：終結飢餓，保障糧食穩定，改善營養，推廣永續農業。
3. 健康與福祉：確保健康生活，提升各年齡層所有人的福祉。
4. 優質教育：確保包容而公平的優質教育，為全民提供終身學習的機會。
5. 性別平等：實現性別平等，賦與所有婦女與女童自主權利。
6. 乾淨的水和衛生：為所有人提供永續的水資源管理和衛生服務。
7. 平價的乾淨能源：確保所有人獲得平價、可靠、永續的現代能源。
8. 有尊嚴的工作和經濟成長：促進持續、包容和永續的經濟成長；實現充分而有生產力的就業；為所有人提供有尊嚴的工作。
9. 工業、創新和基礎建設：興建有復原力的基礎建設，推廣包容與永續的工業化，推動創新。
10. 降低財富不均：減少國家之間和各國內部所得不均的落差。
11. 永續的城市和社群：建設包容、安全，有復原力而永續的城市和人類居住空間。

12. 負責任的消費和生產：確保永續的消費和生產模式。

13. 氣候行動：採取緊急取行動，調節碳排放量，促進再生能源研發，以因應氣候變遷及其影響。

14. 海底生命：保護與永續利用各種海洋資源，以求永續發展。

15. 陸上生命：保護、復育、促進永續利用陸地生態系統，永續管理森林，對抗荒漠化，中止並逆轉土地的退化現象，遏止生物多樣性的喪失。

16. 和平、正義而強大的制度：促進追求永續發展、和平與包容的社會，為所有人提供運用司法制度的管道，並建立有效、負責而包容的各級機構。

17. 為目標建立夥伴關係：加強執行的手段，並重振追求永續發展的全球夥伴關係。①

這十七項總體目標中，每一個都設定了數個具體指標。舉例來說，關於第一個消弭貧窮目標，聯合國制定了下列七個具體指標：

‧在二〇三〇年前，消弭所有地方的極度貧窮，目前的標準為每日生活費低於一‧

二五美元的人。

- 在二〇三〇年前，依據各國人口統計數字，將各年齡層的貧困男、女、孩童人數減少一半以上。
- 對所有人實施全國適用的社會保護制度和措施，包括最低標準的措施；在二〇三〇年前，將實質範圍涵蓋窮人和弱勢人口。
- 在二〇三〇年前，確保所有男女，特別是窮人及弱勢族群，在經濟資源，以及取得基本服務、對土地及其他形式的財產之擁有及控制、繼承、自然資源、適當的新技術與金融服務（包括微型貸款）等，都能享有公平的權利。
- 在二〇三〇年前，讓窮人和弱勢族群具有災後復原的能力，減少他們受到與氣候相關的極端事件，以及其他社會、經濟、環境衝擊與災難的傷害程度。
- 透過加強全球各國的發展合作，確保各地資源能夠大幅動員，為開發中國家，特別是那些開發落後的國家，提供妥善且可預測的方法，實施全面消除貧窮的計畫

---

①作者注 United Nations Department of Public Education, "Sustainable Development Goals: 17 Goals to Transform Our World," http://www.un.org/sustainabledevelopment/sustainable-development-goals/.

和政策。

・根據扶貧和性別敏感發展策略，建立國家、區域以及國際層級的完善政策架構，加速消除貧窮的行動。[2]

你應該會注意到，這些指標都盡可能定義得清楚、具體，包括盡可能量化目標，以利專業分析和社運人士針對目標達成狀況做出客觀結論，並針對未能達到目標的事項，找出缺失，採取補救措施。千禧年發展目標所取得的成果，使我們有理由期待，在永續發展目標主導之下，將能獲得更大的進展。例如，孟加拉在二〇〇〇年到二〇一三年間，將貧窮率降低了一半，這個事實使我們有理由相信，我們能夠在二〇三〇年之前，一起消滅極度貧窮。

一如對千禧年發展目標的支持，全世界各個國家、營利企業、非營利組織以及有力人士已經共同簽署，支持永續發展目標。世界大國，包括美國和中國等強國，所有世界主要金融機構、大型跨國企業，當然也包括聯合國在內，都必須扮演重要角色，以促成這十七項目標的達成。此外，無數的個人和團體也已經投入各項運動，以提倡支持永續發展目標。不論從事什麼行業，不論你的興趣為何，只要你是關心社會的公民或社運人士，都可以從永續發展目標裡，找到不只一個你可以直接對社群或世界表達支持的目標。

我很榮幸能以個人的身分，參與向全世界宣導永續發展目標的行動。二〇一六年一月，聯合國秘書長潘基文（Ban Ki-moon）宣布成立一個倡導小組，致力於永續發展目標的推動。為了宣誓支持秘書長致力在二〇三〇年前達成永續發展目標的決心和承諾，永續發展目標倡導成員發表聲明，呼籲加速進行這份前瞻、革命性的永續發展議程。他們和民間團體、學術界、各大洲的國家立法機關，以及私人領域的領導人物接洽，共同商議、發展開創性的新構想和方法，以推動實施永續發展目標。

身為永續發展目標倡導小組的成員，我鼓勵所有人把永續發展目標設為個人的目標，也設為任何組織、公司，或任何和自己相關、參與或有影響力的民間社團的目標。做為世界公民，我們必須盡我們所能，確保自己實踐永續發展目標的每一個項目。

令人難堪的真相是，從環境、社會以及經濟方面來看，目前的世界文明是無法永續

② 作者注　United Nations Department of Public Education, "Goal 1: End Poverty in All Its Forms Everywhere. Goal 1 Targets," http://www.un.org/sustainabledevelopment/poverty/.

的。為了保障我們的未來，我們必須開創一個新文明，這是我們無法逃避的任務。永續發展目標提供一個強大的議程，指出我們必須完成的改變。全世界各國同意並肩合作，一起承擔這個任務，實在是人類歷史上非凡的一大步。

新經濟企業如何促進永續發展目標

走舊路永遠只能去到舊的目的地。如果我們想去和舊目的地很不一樣的新目的地，就必須開闢一條新路。這個原則，絕無例外。

在朝向新文明開路的過程中，社會型企業將發揮核心作用。理論上如此，實務經驗也是如此。許多社會型企業已經為實踐永續發展目標，做出很多貢獻。

尤努斯社會型企業（ＹＳＢ）活躍的地區中，包括了巴爾幹地區，它是歐洲大陸最貧困的地方，失業、貧窮、環境惡化、社會機構崩壞，長久以來都是這個地區的重大問題。

位於歐洲東南部的巴爾幹半島，長期受到蘇聯統治，在經濟上明顯落後歐洲其他國家。隨著蘇聯政權瓦解以及冷戰時代結束，巴爾幹也開始轉型為自由市場經濟，然而轉型過程卻受到多種族國家南斯拉夫分裂所引發的內戰干擾。從一九九一年開始，包括斯洛維尼亞、克羅埃西亞、波士尼亞、赫塞哥維納、馬其頓、蒙特內哥羅，以及塞爾維亞等國，一一宣示獨立。各種族之間長久以來存在的衝突，以及包括塞爾維亞獨裁者米洛塞維奇（Slobodan Milosevic）的暴行，讓這個地區承受著巨大的痛苦，也阻礙了社會經濟的發展。數百萬人被迫流離失所；成千上萬的人逃離這個區域，淪為難民。

今天，巴爾幹大部分的國家都處於和平狀態，但是區內人民在經濟上仍然陷於困境。阿爾巴尼亞、塞爾維亞，以及西巴爾幹半島的國家，人均國內生產總值，只有德國、法國以及英國等西歐國家的四分之一。多年來對社會福利忽視、投資不足以及破壞，使得區內基礎建設不足，嚴重破壞了社會經濟架構。儘管各國政府努力重建實體、經濟和社會架構，波士尼亞和赫塞哥維納等國的失業率，仍然高達驚人的四〇％（二〇一七）。

YSB組織的成員以研究當地社經狀況，和當地各行各業的人對話，開始他們的工作。他們在尋找一個適合運用社會型企業概念的開口，做為小小的開始。他們見到了許多雄心勃勃的創業者，當中許多人受過良好教育，他們急切地想以自己的創意和才能，為家鄉打造新生活，但卻受限於資金不足和其他結構上的挑戰而無法進行。舉例來說，八五%ＹＳＢ所面試的創業者都表示，向傳統銀行貸款的利率太高，根本無法支持新創立的公司。其中有四分之三的人被迫依賴非正式的資源，例如家人或朋友，才勉強湊齊開新公司所需的經費。複雜的稅制和法規也使得創業過程更加困難重重。③

為了因應這些問題，ＹＳＢ為巴爾幹的創業人士研發出一套加速計畫，類似矽谷等地創投資本家投資具潛力的高科技產業的方式，只是對象不同，這裡的對象是社會型企業。一場在阿爾巴尼亞首都地拉那舉辦，為期一周的小型研討會中，剛起步的創業者有機會好好認識社會型企業的概念，並接受市場分析、客戶開發、產品設計等技巧訓練，最後嘗試設計一家社會型企業。

ＹＳＢ提供的訓練重點是，針對各國民眾面臨的挑戰，以及創業人士在創業過程的問題，應用社會型企業的新企業概念解決社會問題。例如，許多創業者面臨的主要問題，是很難透過外銷、批發網絡，或者大型連鎖零售商，將產品銷售到歐洲大城市的富有市場。於是，ＹＳＢ召集了專家，協助尋求能夠克服這些障礙的方式。

其中一個受到ＹＳＢ支援的公司叫做烏織然內（Udruzene），設立於波士尼亞，生產世界級的編織鉤織手工藝品。

烏織然內的創辦人娜迪拉．敏加頌（Nadira Mingasson），在十九歲時因戰爭爆發而逃離祖國波士尼亞。她輾轉來到巴黎，進入這個城市聞名世界的時尚產業。二〇〇八年她重回祖國，發現當地貧窮的偏鄉婦女以手工編織的美麗布料，領悟到這是一個開創事業的好機會。於是她設立了烏織然內，在波士尼亞語言的意思是「團結合一的女性」。

今天，烏織然內的女性手藝家所製作的衣服，經由德國、日本、挪威、義大利等國家最知名的時尚設計師，行銷全世界。「我知道這些婦女絕對能夠達到這種標準，」敏加頌表示。「她們只需要提升技巧。」④所有產品都是由巴爾幹偏鄉地區的婦女所製作。這群技藝精湛的手藝工匠，原本很可能淪為國家嚴重失業問題的受害者。烏織然內目前聘雇了大約三百名來自波士尼亞和赫塞哥維納的編織達人，她們每一個都是創業者。而烏織然內所提供的行銷網絡，讓她們能夠觸及更廣大的市場。藉由這種方式，烏

③**作者注** Daniel Nowak, "Investing in Social Businesses in the Western Balkans," European Venture Philanthropy Association blog, August 30, 2016, http://evpa.eu.com/blog/investing-in-social-businesses-in-the-western-balkans.

④**作者注** Sara Manisera, "She's Helped Change the Prospects of Women Affected by the Bosnian War," *Christian Science Monitor*, September 15, 2016, http://www.csmonitor.com/World/Making-a-difference/2016/0915/She-s-helped-change-the-prospects-of-women-affected-by-the-Bosnian-war.

織然內幫助飽受戰火、暴力、社會邊緣化折磨的婦女，得以創立社會型企業，以編織做為幫助她們重返經濟和職場，進而重返社會的工具。

另一個受到ＹＳＢ支援的巴爾幹社會型企業瑞佐納（Rizona），為科索沃拉荷維克地區一百名小農所種植的優質有機蔬菜，建立了可靠的市場。還有聖喬治谷有機農場（St. George Valley Organic Farm），是由當地人艾米蘭‧斯克拉（Emiland Skora）所創辦的藥草社會型企業，公司位置靠近地拉那，專門種植可以蒸餾成藥草精油的植物，再把精油行銷至國際醫療與美妝市場，利潤比大部分的農業高出很多。聖喬治把土地租給大約六十名當地農人，並教他們種植藥草的技術和實務，讓他們可以為自己和家人增加收入。因為這些藥草的醫療用途，需要以嚴格的有機方式栽種，因此這家公司也是一家對環境友善的企業。

從這些例子可以看出，社會型企業是解決問題的企業。不論這家社會型企業聚焦於哪一個社會問題，都在直接或間接實踐永續發展目標，包括創造收入與工作機會，促進性別平等，以及降低貧窮等等。

接下來我想再舉兩個分別來自哥倫比亞和法國的社會型企業為例，它們非常有趣。兩家同樣是大企業合資的公司，業務都與農業，尤其是食物生產有關。

位於拉丁美洲國家哥倫比亞的活力農場（Campo Vivo），是一家合資企業，由ＹＳＢ和麥肯食品公司聯手創立。麥肯食品是加拿大的家族企業，成立於一九五七年，從六〇年代開始就已經廣受歐洲和全世界肯定。

麥肯食品歐洲區及中東、北非地區的總裁尚．柏努是一位了不起的人。許多年前他被派駐到法國里爾時，便開始對社會型企業產生濃厚興趣。他開始參加由我擔任主講的各項座談和會議，並主動打電話給我，討論如何運用麥肯公司的資源、專長和專業人才，協助研發新經濟制度，以解決世界上最困難的問題。他還介紹我和幾個格萊珉小組的成員，認識麥肯食品加拿大創辦人家族的成員，他們也對社會型企業的概念很有興趣，表達了參與的意願。然而，我們之間的合作機會，一直要到ＹＳＢ開始為困擾著哥倫比亞窮人的經濟問題尋找解決方案的時候，才終於浮現。

哥倫比亞境內大約有三一％的人口住在鄉村地區，這些地區的窮人大致上都以務農為主要收入來源。哥倫比亞鄉村地區的農夫經常必須面對嚴酷的挑戰，包括很難取得資金、最新的農業技術，以及技術上的支援，銷售作物時也缺乏議價能力。近幾年來，這些經濟上的問題變得特別嚴重。曾經風光的哥倫比亞咖啡如今市場也大為萎縮。隨著以越南、印尼為首的亞洲國家在咖啡市場的占有率越來越大，哥倫比亞咖啡農驟然面臨嚴重的經濟危機，整個社群幾乎因此陷入蕭條。

麥肯公司專精種植、處理以及行銷馬鈴薯。事實上，麥肯公司每年在全球各地工廠生產的薯條和相關產品，超過五百萬公噸。隨著美式薯條受歡迎的程度持續上升，我們看到了一個機會，能讓陷於困境的哥倫比亞農夫轉換新的事業。活力農場的構想於焉誕生。

活力農場由麥肯食品和ＹＳＢ合資，目的是協助居住在哥倫比亞鄉村的弱勢社群、缺乏足夠市場通路和行銷網絡的農夫和家庭，改善他們和家人的生計。麥肯公司提供栽種馬鈴薯的卓越專業技術，協助哥倫比亞農民以目前能夠生產最佳產量的農業技術，種植優質的馬鈴薯。

二〇一四年五月十三日，以產量穩定聞名，品種編號R12的馬鈴薯第一批種子，被種在哥倫比亞東區的烏內昆迪納馬卡自治區（Une Cundinamarca）的拉馬達農莊（Ramada Farm）。這是一個小規模的原型發展計畫，總計有來自二十一個家庭，八十四個人參與。

二〇一四年十一月十一日，第一批活力農場馬鈴薯收成。無論在農業上或在經濟上的結果都比預期得更好，每公頃產量高達五十四．四公噸（每公畝超過一百三十公噸），比國際平均產量每公頃大約二十二公噸高出許多。後續的收成也獲得一樣程度的成功。

受到活力農場經驗的啟發，麥肯食品有了一個構想，它想在法國和其他幾家公司，共同創辦一家叫作雙好公司（Bon et Bien，英文是good and well的意思）的社會型企業。目的是為了解決麥肯公司領導階層多年來在經營管理上遇到、卻從不覺得有必要特別注意的一個問題，直到他們參與了哥倫比亞的社會型企業，才改變了想法。他們成立的新社會型企業關注到這個問題，並看出它所帶來的商機。

這個問題就是沒賣出去的馬鈴薯。在傳統的農業市場裡，每次收成的馬鈴薯大約有二〇%會賣不出去，因為它們的形狀不適用於像麥肯這樣的大公司加工廠裡的機器，不適合製作成薯條或薯片。另外還有大約六%的馬鈴薯會被留在田裡，因為普通的收割機無法採收。這麼一來，大約有四分之一的馬鈴薯，不會被送到消費者手中，實在是很浪費食物。

馬鈴薯不是唯一被浪費的食物。專家表示，我們生產的糧食中，超過三〇%，估計每年十三億公噸，都因浪費而沒有被吃掉，這個數字比飽受飢餓和營養不良之苦的八億人口數量還多。而且，根據預估，未來三十五年內，世界人口將從七十億成長到九十六億，農業資源將因此承受更大的壓力。所以，根本沒有理由浪費這些可以使用的糧食。

造成食物浪費的原因很多，在食品工業價值鏈的每一個階段都可能發生。從收成、貯藏、運送、加工、服務，一直到被消費，每個階段都有造成浪費的不同因素。然而，最主要的問題還是出在我們這套失能的經濟制度，竟然規定所有賣不到產業平均利潤的產品，都必須丟棄或銷毀。

難道我們不應該覺得要負點責任嗎？不應該覺得有義務尋求解決方法嗎？三〇％歐洲生產的蔬果，只因為長得奇形怪狀這麼奇怪的原因，就被浪費掉了。在這個行業的人還稱它們為「醜蔬菜」。儘管還是可以吃，也沒減少任何營養價值，但因為不符合超市陳列架上，像軍隊一樣整齊排列的形狀，就被拒絕了。

於是，麥肯食品成立了雙好公司來解決這個存在已久的問題。他們找了其他夥伴一起合資，包括國際食品廢棄物聯盟（International Food Waste Coalition）。這是一個致力於避免浪費食物的食品公司組成的組織，共有五個成員：法國零售商勒克萊爾（E.Leclerc）、人才招募專家任仕達法國（Randstad France）、法國食物銀行、法國馬鈴薯種植者協會（GAPPI）。這些團體對雙好公司都有各自獨特的貢獻。二〇一四年十月，他們設立了一家公司，把醜蔬菜轉變成吸引人的食物。

以下是雙好公司運作的方式：麥肯公司和一部分契作種植者合作，收集新鮮但外形不佳的蔬果，包括馬鈴薯、胡蘿蔔、菊苣和洋蔥，然後按照當地廚師提供的食譜，製作成各種口味的湯品（只要把醜蔬菜切塊，就可以把擋在消費者和美味營養食物之間的障礙消除，因為消費者根本看不出來這些蔬菜原本的長相）。

雙好公司的食品加工人員都曾經長期失業，也準備好重返職場。任仕達負責招募過程，並提供相關訓練和社會援助；法國食物銀行扮演諮詢顧問的角色；GAPPI則擔任種植者和社會型企業之間的協調。最後，包裝好的湯品在台普勒弗超市（Templeuve，由勒克萊爾經營的零售超市），以雙好的品牌上架銷售。

尚．柏努在公司開幕時發表了感言：「這個計畫讓所有人都成了贏家。我們和我們的種植夥伴，以及主要顧客勒克萊爾一起合作，共同對抗食物浪費。同時，我們為當地創造了就業機會，也為我們工廠的馬鈴薯片生產線創造了原料來源。而且，雙好所創造的所有利潤，都將再投資到公司研發新產品，以增加我們對社會和環境的影響力。」⑤

經過兩年多的成功經驗之後，現在雙好正在開發新的產品線，以醜蔬果製作可以立

---

⑤作者注 “McCain CE Collaborates to Launch Social Business,” McCain website, July 11, 2014, http://www.mccain.com/information-hub/news/some-test-news.

即烹煮的配菜。雙好也擴展到比利時和希臘，二〇一七年年底也進軍摩洛哥。

活力農場和雙好都響應了幾個重要的永續發展目標，包括第一項，消弭貧窮；第二項，消除飢餓；第八項，有尊嚴的工作和經濟成長；第十二項，負責任的消費和生產。因為他們都是永續事業，所以可以無限地被複製。

新經濟制度讓人類目標不再遙不可及

活力農場和雙好這兩家社會型企業，以新穎的構想開啟了原本封閉的創新大門。今後，全球各地將有更多人想出更聰明的點子。由於社會型企業讓我們以新的眼光來看這個世界，我們因此可以看見過去從未看到的事物。新的眼睛將帶領我們，即時達成所有的永續發展目標。

永續發展目標具體指出了目前世界面臨的關鍵問題。這原本是像聯合國這樣的全球性組織可以做的事。只可惜，每當聯合國開始解釋這些問題形成的過程，總不免引起一陣火藥味十足且沒完沒了的爭辯。還不如由我以個人身分，自告奮勇地說明我的看法。

從這個角度來看，我可以解釋一下，永續發展目標在說明主流經濟制度的缺失方面，的確做得很好。你可以把它看成是一份起訴書，上面列出了對現有制度的所有指控。我們可以仰賴這個惹出所有問題的制度來解決這些問題嗎？就算這些問題真的都解決了，我們能夠保證，同樣的制度不會再次捅出同樣的漏子嗎？這樣的思維有任何邏輯可言嗎？

因此，我認為前提是，我們必須重新設計一套經濟制度，才能重新設計這個世界。我們需要開闢一條新路，才能抵達新的世界。如果這個世界繼續把財富不斷集中視為合理的經濟活動，即使達成永續發展目標，也不可能永續下去。零貧窮、零失業、零淨碳等三零任務，這三個我個人認為是我們的文明必須追求的目標簡化版本，也不可能永續下去。為了達到這些目標，我們必須有一套基於不同概念的替代制度，而且這套制度的生活目的也不一樣。

從目前以貪婪為基礎的文明，轉型為基於分享和關懷等更深層人性價值的文明，社會型企業將會是一個關鍵因素。如果我們想把一種真正能夠永續的生活方式，傳承給未來的世代，就一定要順利完成這個轉型的過程。

第三部

改造世界的超級力量

7 青年力

——激勵、授權給全世界的年輕人

「大多數的千禧世代，現在都反對資本主義。」①《華盛頓郵報》（*Washington Post*）的頭條這麼寫著。很多人看到這則新聞時都嚇一大跳。二〇一六年，哈佛大學專家進行了一項民調，調查對象為年齡介於十八歲至二十九歲的年輕人。結果顯示，只有四二％的受訪者表示支持資本主義，五一％表示不支持。事實上，這只是所有顯示年輕人對主流經濟制度嚴重缺乏信任，最新的一個研究。舉例來說，二〇一二年由備受推崇的皮尤

①**作者注**　Max Ehrenfreund, "A Majority of Millennials Now Reject Capitalism, Poll Shows," *Washington Post*, April 26, 2016, https://www.washingtonpost.com/news/wonk/wp/2016/04/26/a-majority-of-millennials-now-reject-capitalism-poll-shows/?utm_term=.cb8dbd4baf70.

研究中心（Pew Institute）所做的調查，發現有四六%的千禧世代對資本主義抱持肯定態度，但是持負面看法的卻有四七%。《華盛頓郵報》財經記者麥克斯・亨弗雷德（Max Ehrenfreund）認為，哈佛大學的研究結果反映，人們「明顯反對美國經濟的基本原則」。

這個結果，至少令人感到意外。因為，隨著蘇聯在一九九一年解體，資本主義唯一的對手似乎也跟著陣亡。到底發生了什麼事，讓年輕世代轉而反對二十五年前以勝利姿態風光出線的資本主義制度呢？

神聖自由市場的捍衛人士，表現出錯愕和失望。經濟學家邁克爾・蒙格（Michael Munger）在經濟教育基金會（Foundation of Economic Education）的網站上發表文章認為，這樣的民調結果完全沒有意義。他說：「你要怎麼『反對』資本主義？這就好像你根本無法『反對』地心引力一樣！」② 有些評論家指出，接受民調的年輕人並沒有明確表示，擁護什麼替代資本主義的方案；例如，只有三三%表示支持社會主義。有些人則強調，這個調查並沒有給受訪者清楚的經濟定義，因此推測，這個民調結果只是反映出，人們對資本主義真正的意義感到困惑。

講得最好的，或許要算是莎拉・肯迪佐（Sarah Kendzior）寫在雜誌《外交政策》（*Foreign Policy*）上的評論了。「十八到二十九歲的美國人之中，一半以上都說他們不支持資本主義。這有什麼好驚訝的呢？」肯迪佐問道。然後她繼續說：

你不需要什麼調查來弄清楚美國青年所處的困境。你只要看看他們的銀行帳戶、他們做的工作、他們的父母丟了什麼飯碗、他們負的債，還有他們渴望什麼機會卻不得其門而入。你不需要什麼專業術語或是意識型態來指控現狀。對現況最明確的譴責，就是現況本身。③

我對於這個調查結果並不感到意外。因為工作的關係，我走訪了全世界的大學校園。我有很多機會和年輕人對話，談他們的生活、面對的挑戰，他們對未來的希望和夢想。很早以前我就已經看出，不管是富裕國家或是貧窮國家的年輕人，對於他們所承襲的社會和經濟制度都深感不滿，並深刻意識到它的不足之處。這不只是因為他們個人所

②**作者注**　Michael Munger, "Why You Can't Just 'Reject' Capitalism," Learn Liberty, May 15, 2016, http://www.learnliberty.org/blog/why-you-cant-just-reject-capitalism/.

③**作者注**　Sarah Kendzior, "Why Young Americans Are Giving Up on Capitalism," *Foreign Policy*, June 16, 2016, http://foreignpolicy.com/2016/06/16/why-young-americans-are-giving-up-on-capitalism/.

遭遇到的困難，例如失業、學生貸款、工作機會變少，也是因為他們看到了發生在自己周遭的全球性問題，從持續的貧困現象和環境破壞，到財富不均、違反人權的事件猖獗。但是，我不認為他們清楚地知道，這一切的問題都是因為資本主義而起。我認為，他們只是要說他們不喜歡他們看到的這一切。最重要的是，他們不認為「制度」有多神聖，也不相信自由市場所造成的結果就一定是完美的，儘管有些意識型態擁護者信誓旦旦，對此深信不疑。年輕人只看結果來評判，從這個標準來看，他們認為這是一個有瑕疵的制度。

另一方面，現在的年輕人大都沒有擁護什麼特定的意識型態，做為取代資本主義的方案，包括社會主義或共產主義。在他們眼中，這些制度也都不盡完善。更精確地說，他們急於尋找一個新的途徑，一套新的架構，希望能夠更正確反映真實的人性，可以解放人類的創造力，以解決人類所面對的嚴重問題。我注意到目前的年輕人有一個共通的特點：比起之前的世代，他們更願意造福他人。他們在找尋讓自己對世界有所貢獻的方法。

這份民調只是顯示，年輕人對這個制度有意見，因為它並沒有達成什麼令他們滿意的成果。說得溫和一點，就是他們並不覺得，這個制度對他們有什麼啟發。他們可能會、也可能不會積極尋找新的經濟制度。有些人可能覺得被困在股市、傳統貨幣，以及財政政策的限制下，就像被困在高牆裡。任何可以讓他們呼吸到牆外新鮮空氣的機會，他們都會熱烈歡迎。這也解釋了為什麼我到世界各大洲的每一個地方，向年輕聽眾說明我的構想時，會感受到如此的熱情。

今天的年輕人就是即將領導全世界，以打造我們迫切需要的新文明的人。他們已經在努力工作，尋找想法與行動的議程。只要他們知道自己想要什麼，就能比三十年前的人更容易達成。

對任何重大的任務來說，今天的年輕人都算裝備精良。因為比起歷史上的任何一個世代，他們受到更好的教育；再加上數位通訊和資訊科技的力量，讓世界各地的青年可以彼此連結，因此他們也非常多元化，並且與世界緊密連結。國際旅遊、交換學生計畫與實習計畫，以及透過社群媒體所建立的人脈網絡，已經幫助很多人跨越國籍、種族和宗教的邊界，交遊滿天下。

今天的年輕人對想要的世界還只有模糊的想像，但是，他們已經知道，學術界和政治界都無法給他們一張路線圖，讓他們前往自己想要的那個更美好的世界；更不曾提供他們必要的工具，讓他們設計一張自己的路線圖。

挫折將他們推向兩條路：有些人變成悲觀主義者，與社會脫節；有些人仍然懷抱希望，期待轉機出現。他們覺得自己有巨大的力量，卻不清楚怎麼運用這些力量。任何令人信服而且能夠觸及他們內心渴望的未來計畫，都能激發他們形成一股前所未有、無法阻擋的力量。

我提議，在教育制度中一定要包含一個不可或缺的部分，每一個班級每一年都必須花一個星期的時間想像，如果他們有創造世界的自由，他們希望這個世界有哪些各式各樣的特色？頭兩天，他們應該盡量收集、評估每一個學生已經想像出來的特色。那個星期接下來的時間，他們應該一起合作，做成一個或多個他們認為適合他們、大家都同意的想像世界特色清單。

從來沒有人告訴現在的學生，他們可以創造自己的世界。但是我認為去想像這樣的世界，才是教育過程中最重要的部分。只要他們有了這個世界的設計圖，接著就會開始希望把想像轉化成現實。如果我們可以想像出某個東西，這個東西就有很大的機會可以成真。設計想像世界的時候，學生就會了解，現在的世界和他們想要的世界有多麼不同。這樣的體悟將會是行動的開始。

今天的年輕人代表三種「超級力量」中的一種。我相信這三種「超級力量」將在未來幾十年內徹底改造經濟架構，釋放全球各地男男女女的創造力，進而改變全球社會。他們將確保，新制度不會再維持一部精心設計的機器，只為創造一小群主宰世界的大象，和數十億隻只能把生命用來工作的工蟻。一旦今天的年輕人清楚知道自己想要的世界的樣子，讓它實現就會簡單得多了。

學校和大學可以教育年輕人如何設計世界

前面我曾經說明，現行經濟制度的一個核心問題，在於年輕人接受教育時，我們灌輸給他們的假設和態度。我們教養孩子，讓他們相信工作是一切的開始。「沒有工作就等於沒有人生」，這樣的訊息透過家庭、學校、媒體、政治辯論等各種管道，清清楚楚地傳達給孩子。所以，一旦你長大成人，就把自己貢獻給就業市場。替人工作就是你的命。如果你失敗了，只能排隊等著領救濟品。沒有人告訴年輕人，他們是天生的創業者，不一定要排隊等著別人雇用。

年輕人在學校學到的另一件重要的事，就是為個人增加所得和財富。我們教育他們，所有其他的動機，包括想幫助別人、讓世界變得更好等無私的追求，都是次要的，

「行有餘力」的時候再去做，或是當作還款一樣「回饋社會」。基於這樣的假設，年輕人就被引導進入了限制行動與成就領域的狹路。他們滿足於小確幸，忘記自己還有追求全球夢想並讓它實現的內在潛力。如果我們希望創造一個新的文明，能認同、尊重和支持人類更廣泛的渴望和能力，就必須改變教育制度以及其背後的假設。

我很高興看到全球各地的大學校園正在發生的變化。過去十年來，許多大學都在學術計畫裡增設了社會型企業課程。全球各地的大學也形成網絡，幫助教授、學生進行研究、研讀、實驗，以及學習各種組織和促進經濟活動的新方法。

現在，位於各大洲的許多大學都設立了尤努斯社會企業中心（YSBCs），教授課程並進行研究，為企業領導人、基金會、非政府組織、社運人士、政府機構、金融機構等，扮演社會型企業觀念情報交換站的角色。有些中心會舉辦社會型企業設計競賽，以尋找學生在校園中、國內，或全世界所發現的問題，進而設計出來的社會型企業解決方案。研究生可以加入這些中心，針對不同層面的社會型企業，進行更深入的研究。社會型企業學術會議固定於每年十一月，在全球各個首要城市舉行，會中除了展現各項研究報告，還會分享最新的相關計畫和經驗。

因為這樣，越來越多的年輕人投入各種工具和見解的研究發展，將新的經濟思維轉化成實際操作，以期在未來將新的構想推廣出去。

二〇一七年四月九日，尤努斯中心與紐西蘭基督城的林肯大學（Lincoln University）簽署同意書，成立了最新的一所大學中心，也是全世界第三十四所ＹＳＢＣ。其他各所分別設於蘇格蘭的格拉斯哥卡利多尼安大學、澳洲墨爾本的拉籌伯大學商學院（La Trobe University Business School）、美國麻州伍斯特的貝克學院（Becker College）、加州州立大學海峽群島分校（the University of California at Channel Island）、香港中文大學、倫敦國王學院（King's College in London）、台灣國立中央大學、北京中國人民大學、法國巴黎和加拿大蒙特婁的高等商學院、義大利佛羅倫斯大學（University of Florence）、亞塞拜然州立經濟大學（Azerbaijan State University of Economics, UNEC）、泰國空鑾的亞洲理工學院（the Asian Institute of Technology）、西班牙巴塞隆納各所大學，還包括德國、日本、馬來西亞、土耳其等全球各國各種機構。更多在全球其他地區的中心，也已經在籌備當中，未來幾個月內，YSBCs的數目將會超過五十所。

你可以想像，每一所尤努斯中心都各有特色，結合了合作大學的優勢，並聚焦於當地以及該國經濟上最重要的利益和議題。舉例來說，我們在格拉斯哥卡利多尼安大學和澳洲新南威爾斯大學（the University of New South Wales）的中心，特別著重在健康照護相關議題，尤其是與住在蘇格蘭和澳洲都會弱勢區域的窮人的醫療需求相關問題；設在泰國的農業大學（Kasetsart University）以及林肯大學的中心，則著重在農業議題；設於南印度泰米爾納德邦ＳＳＭ工程學院的尤努斯中心，則著重於工程與科技相關領域的畢業生進入社會型企業的機會。位於其他地點的尤努斯中心，會根據該中心的需求和資源，可能專注於工業、農業、製造或服務。

儘管各有特色，所有設立於大學的尤努斯中心都有一些特定的共同活動：每一所中心都被視為一個智庫，進行與經濟創新和社會型企業相關的研究；並特別聚焦於減緩貧窮問題以及永續發展；會舉辦工作坊、研討會、座談會以及其他各種會議，以討論這個領域最新的研究和發展。每一所中心都會開設研究社會型企業和其他經濟創新形式的課程，供學生和創業人士參加；每一所中心也都扮演促進各種學術、企業領導人、創業者以及政府官員交流的樞紐。

位於巴黎南部郊區的高等商學院（ＨＥＣ）的做法，可以說明大學如何以各種方式，促進和宣揚經濟創新知識。ＨＥＣ社會和組織中心（HEC Society and Organizations Center）的共同創辦人班那蒂．法塔維諾教授，同時也是該校社會型企業／企業與貧窮研究中心的主席。

法塔維諾教授協助ＨＥＣ推行了一系列與經濟創新相關的計畫。該校現在已經能頒發社會型企業證書，給完成研究必修課程的學生。它也贊助了一個線上教育計畫（一個大規模開放線上課程〔massive open online course〕，簡稱MOOCs，中譯磨課師），稱為「投改變一票」（Ticket4Change）。這個計畫目前已經幫助大約四萬名學生，接受相關技術和策略的訓練，以成為法塔維諾口中的「創造改變的創業者」。此外，ＨＥＣ也提供了一個專為在職企業領導人開辦的高階主管教育計畫，叫做共融企業與價值創造（Inclusive Business and Value Creation）。最後，上述所有形式的研究和學習，都是由ＨＥＣ透過我在本書第三章提過的法國行動智庫，與現實世界的企業發展實驗連結。

其他同屬尤努斯社會企業中心網絡成員的大學，都各自發展出自己的課程和訓練：格拉斯哥卡利多尼安大學提供社會型企業和微型貸款的碩士學位課程；佛羅倫斯大學尤努斯社會企業中心舉辦一年一度的「養成日」（days of formation），為超過一千所大學和中學的學生介紹社會型企業的概念。另外，包括拉籌伯商學院在內的許多大學，已經把社會型企業模組納入所有學生的必修課程內容。

許多尤努斯中心也積極推動經濟實驗，與從業人員和創業人士共同合作，進行各項社會型企業計畫。以貝克學院尤努斯社會企業中心為例，它聯合了鄰近社區現有的和新成立的非營利組織，一起開辦、經營社會型企業。此外，它也和米爾伯里國家銀行（Millbury National Bank）合作，成立微型信貸計畫，為麻州中部的新創社會型企業提供貸款，特別是那些由貝克學院的學生或畢業生所推行的計畫。

上述這些例子說明，全球年輕人對社會型企業和其他形式的經濟實驗，存在著強烈的渴望。全世界的年輕人對現有的經濟制度感到不滿，又因為無路可逃而感到挫敗。現在全球各地的教育機構回應了年輕人的需求，提供他們其他的選擇，讓我們看見了一線希望。

到底社會型企業概念會不會在經濟裡生根，或只是變成一個被遺忘的理想主義實踐形式，只有少數熱中人士短暫地實踐過，就要看大學校園裡的年輕人和大學本身的決定了。我很高興看到年輕人的熱情持續成長，看到大學積極渴望在他們的校園裡設立YSBCs。等到這些中心能夠頒發社會型企業學程的學士和碩士學位，行動智庫也成為尤努斯中心所在城市的標準機構，這些中心就算達到發展成熟的階段了。

中學和小學階段比較年幼的學生，也必須參與改變的行列。針對這項任務而設立的計畫，已經陸續出現。二〇一六年六月，格萊珉創意實驗室的專家協助帶領了一個教育計畫，與超過一萬名歐洲的中學生接觸。在歐盟贊助部分經費下，這個工作坊集結了來自七個國家，三百七十三所學校的學生，在五百零七位教師以及超過二百名企業顧問的帶領下，一起學習社會型企業背後的理念，並且發展他們自己的計畫構想。結果，這項計畫總共催生了六百六十八個社會型企業的構想。更令人印象深刻的是，有九七％的參加學生都表示，他們希望將來能夠創立社會型企業。

參與這次工作坊的教育工作者，打算以這次的經驗為基礎，繼續努力。他們準備成立一個永久性的社會創業生態圈（social entrepreneurship ecosystem），鼓勵歐洲的中學持續進行新經濟模式的研究和實驗。他們也希望發展出一個學生評估制度，進而產生一份正式的創業能力證書。這樣的資格證明本身並不重要，但是如果能夠激勵更多的教師和學生，熱心投入社會型企業，並走上追求經濟和社會進步的創業之路，我將全力支持。

我們需要在全世界有更多像這樣的工作坊，甚至從比中學還年輕的學生開始。我們必須把對經濟更廣泛的認識，從小就灌輸給孩子，讓孩子了解，人性有自私的一面，也有無私的一面；讓孩子知道，人類有許多超越個人利益的動機，能夠激發我們的創造力和生產力。我們應該告訴兒女，他們可以成為一個找工作的人，也可以是創造工作的人，不論如何，他們都應該為這個選擇做好準備。我們應該鼓勵男孩女孩勇敢做夢，去想像他們想要生活在什麼樣的世界，然後設想他們可以創造什麼具體的計畫和事業，讓想像中的世界實現。

青年動起來：新興社會型企業創業者全球網絡

學校和大學裡的訓練計畫，對於激勵年輕人加入改變經濟的行列，的確很重要。但是，全球有數千名年輕人已經不願意再等著傳統教育機構，來為他們指引道路。很多人開始主動學習社會型企業的概念，並找到已經開始投入經濟實驗的同儕，然後用最有力的方式發現自己的潛能，也就是實際動手去做。

其中一個例子是創理（MakeSense），它是一家以科技為基礎，以各種方式服務社會型企業的機構。創辦的年輕人名叫克里斯欽・凡尼茲（Christian Vanizette），他的個人故事非常有趣。凡尼茲來自南太平洋的大溪地，接受了科學和工程方面的訓練，畢業後頭幾年都在高科技產業追求成功的事業。他領著高薪，並且穩定地贏得越來越高的責任和權力，直到有一天公司執行長召見他，向他解釋接下來要讓他執行的計畫。執行長要凡尼茲在接下來幾個月為一個客戶工作，以找出把冰箱連到電子通訊網路上的方法，也就是時下正夯的「物聯網」（Internet of Things）的一種。

凡尼茲覺得很困惑。他知道從科技的立場來看，這會是一份有趣又有挑戰性的工作。但是，他內心起了懷疑：這樣做到底會帶給社會什麼利益？他越想越覺得沒有意義。「應該有更好的方式，比教冰箱說話更能發揮我的能力。」於是他做了一個令家人和朋友震驚的決定，辭掉這份高薪的工作。他知道自己更想了解一個他在某處聽過的新構想，一個叫做社會型企業的構想。

凡尼茲把銀行存款領出來，開始了他的學習社會型企業環球之旅。他走訪亞洲、非洲，去到歐洲和美國，拜訪許多創業人士，研究各國的社會和經濟問題，並知道了許多窮人和正在與重大生活問題搏鬥的人的需求和渴望。幾個月後，他有了一個構想。他認為，這個構想可以把他的高科技背景，和他發現的許多不同社會型企業機會，做很有價值的結合。這就是「創理」的緣起。

凡尼茲和他來自世界各地的朋友，如今已經成為社會型企業運動堅強的後盾。目前已經有超過二萬五千名年輕人加入創理的陣營，為全球各地的社會型企業提供構想和支援。在第八章中，我會進一步介紹創理，特別是它如何運用科技，幫助推廣社會型企業。

另一個例子是尤努斯與青年（Yunus&Youth, Y&Y）的成長，這是另一個由青年組成、致力於社會型企業的國際組織。共同創辦人塞西莉亞·查皮若（Cecilia Chapiro）是一位精力充沛的年輕女性，在商業世界和非營利領域都擁有豐富的經驗。Y＆Y的故事，從二〇一三年在馬來西亞吉隆坡召開的全球社會型企業高峰會議（Global Social Business Summit）開始。在會議中，一群來自世界各地的人集結在一起，與社會型企業的領導人物交流。參加者看到了一個巨大的潛力：如果能讓目前世代的社會型企業領袖，和下一個世代的社會型企業創業者交流，分享他們所知道的一切，那會怎樣？Y＆Y就因為這個想法而誕生了。Y＆Y的核心目標是為急切而滿懷雄心壯志的青年社會型企業創業者，提供所需的指導、建議和支援，幫助他們實現夢想。

今天，Y＆Y在美國、巴西和摩洛哥都已經設有辦公室。這個組織的領導團隊有來自八個國家以及各行各業的年輕專業人士，包括研究生、顧問、記者、繪圖設計師等，有曾經在Google、麥肯錫公司（McKinsey & Company）、格萊珉銀行工作過的人，也有羅德獎學金（Rhodes）和傅爾布萊特獎學金（Fulbright）的得主學者、工程師和詩人。他們的主要任務是尋找、招募、並且培養下一世代的社會型企業領袖。入選成為Y＆Y一員的年輕人，將接受一種獨特的課程，教導他們精實的創業原則，以幫助他們建立永續而且策略完善的成功社會型企業。

在為期六個月的訓練過程中，Y＆Y成員每兩周參加一次由商業專家主持的線上研討會，和全球各地的創造改變者以及專業導師交流，接受由Y＆Y團隊提供的相關內容與個人化支援。年輕成員也會與專業導師配對，由成功的創業家和商業專家以個人的專長，協助年輕成員將他們的社會型企業的成長潛力最大化。這些早期的創業過程，能夠帶動社會改變，因為創辦人都很接近要解決的問題核心，以及想協助的社群。

二〇一六年的課程參加者，是來自十七個國家的二十六位Y＆Y成員，其中包括：

- 來自秘魯的迪亞哥．帕第拉（Diego Padilla）創辦了再生者（Recidar），這是一家以再生利用為經營模式的社會型企業。再生者從住家收集可再利用的物品，低價賣給貧困社區，然後以所得來進行培力（capacity-building）計畫。迪亞哥的目標是藉由降低浪費，建立人與人、人與自然之間的連結，並且為低收入社群增加創業機會。
- 來自巴勒斯坦的瓦拉．薩瑪拉（Walaa Samara）創辦了貝拉手工珠寶（Bella Handmade Jewelry），為難民營婦女提供工作機會，讓她們具備生活能力。瓦拉的夢想是為生活在困境中的婦女創造希望，提供技術，讓她們能賺錢養活自己和家人。

- 來自印尼的亨卓雅帝．巴提雅（Hendriyadi Bahtiar）創辦了朋友島（Sahabat Pulau）。這個社會型企業藉著生產以魚為原料的印尼傳統點心，幫助漁夫家庭的婦女改善生活。他的長遠目標是幫助二千二百萬印尼婦女和家庭脫離貧窮，將她們的每日收入提升到三美元以上。
- 來自菲律賓的傑茲．焦（Jezze Jao）創辦了運送鴿計畫（Carrier Pigeon Project）。這是一家時尚電子商務社會型企業，所有收益將用於為弱勢的菲律賓孩童成立教育獎學金以及識字計畫。傑茲的目標是以教育做為提升個人、脫離現狀的方法，讓他們有機會追求夢想。

幫助年輕人擁抱社會型企業力量的組織，不只創理和Y＆Y。還有從二〇一三年就開始運作的社會型企業青年聯盟（Social Business Youth Alliance, SBYA）。這是一種全球倡議行動，透過訓練計畫、研討會、競賽，教育年輕人認識社會型企業。它也為有潛力的年輕社會型企業創業者，尋找可能的投資人，以克服公司創辦人所必須面對的最大障礙，也就是取得設立公司所需的資金。

SBYA所舉辦的一項活動是社會型企業冠軍賽（Social Business Champ），這是一個為大專院校學生設計的社會型企業營運計畫競賽，以展示學生為急迫的社會問題尋求解決方案的創業技術以及創意。另外還有社會型企業孵化器中心ＹＹ家族（YY Goshti）。ＹＹ家族創新營提供密集的訓練課程，入選的參加者必須接受六十小時的訓練，還要實際參訪以了解現行企業的運作。整個營隊以一場公開活動做結束，所有參加者必須在觀眾面前，簡報、推銷自己的社會型企業模式。這群觀眾是由資深創業家、投資人以及利害關係人組成，包括像澳洲的火花國際（Spark International），以及荷蘭官方贊助的藍金計畫（Blue Gold Program）這類社會型企業基金。獲勝者將進入為期三個月的新創公司營運階段，並會得到辦公空間、導師，以及其他經營社會型企業所需的基本資源。

ＳＢＹＡ也舉辦定期的高峰會議，讓來自世界各地對社會型企業的潛力感到興奮的年輕人聚在一起。這是ＳＢＹＡ贊助的活動中，最有影響力的一個。正如ＳＢＹＡ的總裁薩吉．克海汝爾．伊斯蘭（Shazeeb M. Khairul Islam）所說的：「我們把三百顆聰慧的心靈集合在一起，參與這場為期兩天的重要活動，彼此交流令人興奮的機會。參加者來自大專院校、社會型企業、新創社群、育成中心、加速器，以及各個社會型企業基金，大家齊聚一堂，討論今天的社會型企業所面對的可能性和挑戰。這個活動是一個『完整的配套』，因為我們提供了取得知識、人力資源以及可能資金的管道。」④

最後一個關於青年社會型企業創業者的故事是影響力共享空間（Impact Hub）的故事。就在二〇一七年四月，我曾經造訪過影響力共享空間的柏林中心，相當令我驚喜。這個機構的上層組織影響力共享空間維也納中心在二〇一〇年舉行開幕典禮時，我還是與會的首席賓客呢。我很驚訝他們在這些年的快速成長。我覺得影響力共享空間柏林中心是一個令人印象深刻的地方，這棟建築物明亮、色彩豐富，設有一間會議室、一間創新實驗室、一個活動空間、一個專注區（focus area），還有餐飲空間。一切設計都是為了讓青年社企創業者在此聚集、交換想法、分享故事、向專家取經，一起面對挑戰。影響力共享空間柏林中心的常務董事里昂・雷納（Leon Reiner）已經規畫出一系列的活動和服務，讓萌芽中的創業者可以得到啟發。

影響力共享空間起源得很早。它是在二〇〇五年，由年輕創業者兼作家強納生・羅賓森（Jonathan Robinson），在倫敦一個老舊倉庫的頂樓創立的，當時取名為共享空間（hub），成立的宗旨在協助當地青年創業。羅賓森並沒有把共享空間看成是一樁事業，更別提社會型企業了。一直到二〇〇九年，他在飛機上遇到了格萊珉創意實驗室的漢斯・萊茲，才知道有社會型企業這回事。

後來，因勒克・韓森（Hinnerk Hansen）和另外兩名青年創業者來找羅賓森，他們想在維也納另外成立一個共享空間做為一家社會型企業，這才引起羅賓森的興趣。他們一起把共享空間概念化，計畫以特許經營的方式拓展。他們為公司取了新的名字——影響力共享空間，並且在維也納設立新的總部。他們成立影響力共享空間協會（Impact Hub Association），以整合現有和未來成立的影響力共享空間，並且做為影響力共享空間公司的唯一所有人。影響力共享空間公司是一家慈善公司，任務是管理全球的營運，促進人際網絡的發展。

漢斯・萊茲透過一個新成立的社會型企業基金好蜜蜂（Good Bee），為影響力共享空間安排資金。好蜜蜂是在萊茲的提議之下，由維也納的厄斯特銀行（Erste Bank）以及厄斯特基金會（Erste Foundation）所創立。我很榮幸能在二〇一〇年親臨影響力共享空間維也納中心的開幕式。

今天，全世界共有四十五個城市，設有八十個影響力共享空間，包括倫敦、維也納、墨爾本、約翰尼斯堡、聖保羅、舊金山，以及新加坡。影響力共享空間會員人數超

---

④ **作者注** Syeda Nafisa Nawal, "Redefining 'Win-Win': Youth in Social Business," Daily Star [Dhaka, Bangladesh], July 29, 2016, http://www.thedailystar.net/next-step/youth-social-business-1261174.

過一萬五千人，他們正在建立各種創新事業，以因應各種想像得到的社會目標，包括貧窮、健康、女權、能源、教育以及環境。

來自全球，在背後支持創理、Y&Y、SBYA，以及影響力共享空間這些組織的熱情，說明了社會型企業對全世界年輕人的吸引力。建立新文明這個挑戰不但沒有嚇跑這些青年，反而激發了他們的鬥志！

運動員——青春的禮讚、改變社會的力量

二〇一六年，應國際奧林匹克委員會（International Olympic Committee）主席托馬斯・巴赫（Thomas Bach）的邀請，我到里約參加二〇一六年奧運開幕典禮前一天的奧委會年度會議。我認為可以藉此機會，提醒全球體育界的領袖，運動員是青春的禮讚，是推動改變的強大潛力。

我向來對體育的世界充滿敬畏之心。讚嘆它能造成的影響力是多麼巨大。像奧運這樣重大的體壇盛事，總是緊緊抓住地球上每個角落數十億人的注意力。

而且，運動是人類生活不可或缺的一部分。世界上所有的小孩，都是從運動開始他

的人生。一開始通常是自創運動，沒有規則、教練或訓練。一群孩子聚在一起，自己創造了一個遊戲，自訂規則，然後就玩得不亦樂乎。

漸漸長大後，有些孩子繼續留在運動世界，有些人則遠離了。但是運動精神仍然持續地激勵人們，即使人們並不自覺。有時候，我們彷彿在現實生活與運動世界之間，築了一道玻璃的牆。兩個世界的人看得到彼此，卻不會跨越這道牆。我認為，一旦將這道牆移除，兩個世界都會因此更豐富。不同興趣、具備不同程度運動技巧的人共享一個世界，大家都能在友善的競爭中，享受遊戲的愉悅和成就感。

因為大部分的人都熱愛運動，所以運動員對粉絲有很大的影響力。商業界早就注意到了這一點，所以才會運用運動員或體育活動促銷產品。同樣的影響力，也可以用來鼓勵粉絲，為解決世界面臨的問題發揮強大的創造力。

體育界動員粉絲解決社會問題的一個方法是，成立社團性、區域性、全國性甚至國際性的社會型企業。這些事業可以和其他社會型企業一樣，聚焦處理青年失業、健康照護、教育、科技等問題，也可以處理體育界特有的問題。比方說，相對較為短暫的職業生涯結束後，運動員所面臨的挑戰；在密集的競賽階段結束後，運動員如何轉換跑道。

最近我們在討論的是，像奧運這樣的重大體育活動結束之後，如何運用留下來的計畫方案。這些方案可以、也應該包括成立來協助籌備賽事的社會型企業。社會型企業可以參與建造舉辦賽事的體育館或游泳池、建造選手村，還可以為所有參加人員提供食物。這樣的社會型企業和其他的社會型企業一樣，經過設計後，可以為人創造長期、永續的利益。

同樣的方式，每一個社團、團隊、每一場體育界的活動，都可能留下一些計畫方案，不管規模多小。運動員和粉絲一樣，如果能夠參與具有正面社會意義的計畫，都會很開心。既然運動是關於競賽，每一個社團或協會可以把競賽精神運用在解決社會問題的時候。想像一下，如果運動員、粉絲，還有整個社群知道，他們最喜愛的團隊不只贏得了聯賽冠軍，還幫助成千上萬的人解決居住、學校以及健康照護的問題，那會有多驕傲！

我很高興我在里約奧委會之前的那場演講，得到大多數委員會成員的正面回響，並且引發了一些具體而立即的行動。

就在我演講之後，巴黎市市長安妮·伊達戈（Anne Hidalgo）邀請我當晚餐敘。晚餐時，她很明白表示，她要讓社會型企業在巴黎扎根，而體育運動將扮演領導角色。

之後，我造訪了巴黎，和市長就這些想法做進一步的討論。伊達戈市長召開了一場媒體記者會，會中她指定將運河大樓（Les Canaux）這棟位於巴黎十九區的歷史性建築，做為社會型企業大樓，並且正式邀請我到這棟大樓設立巴黎尤努斯中心，以推展、整合巴黎市內各項社會型企業計畫。市長還表示，如果巴黎獲選主辦二〇二四年奧運，她打算打造歷史上第一個社會型企業奧林匹克運動會。但是不論巴黎能否獲選，她都會繼續努力，讓巴黎成為世界社會型企業的首都。

接下來幾個月，伊達戈市長為了達成這個目標，進行了好幾項行動，其中包括集結巴黎青年參加社會型企業設計競賽，共同解決這個城市的問題。伊達戈市長也是C40（城市氣候變化領導聯盟）的主席，這個聯盟是由全球致力於對抗氣候變遷問題的超級大城市聯合組成，目前已經有九十個會員城市，總人口數達到六億人。

有了和伊達戈市長合作的經驗，我不會再說世界各國政治領導人沒有傾聽年輕人渴望經濟和社會改變的要求。有些人的確聽到了。

跨世代合作：老少聯手創造新世界

看到全世界青年能夠一起努力，將全球經濟改造成人類迫切需要的樣子，讓我非常興奮。但是，這當然不表示像我這樣有了年紀的人，在這個計畫中就毫無用武之地。相反地，我認為，不同世代形成強有力的合作聯盟之後，將能發揮驚人的潛力。年輕人和年長者也能結合力量創造一個新文明，為人類的需求而努力。⑤

因為我已經七十幾歲了，所以經常有人問我，對於全球人口高齡化的趨勢有何看法。很多人表示，我們將因此面臨嚴重的經濟和社會問題。人活得越久，就表示需要照顧的年長者人數也會越來越多。社會將如何因應這個難題？

最近我造訪德國時，受邀針對所謂的高齡化問題提出解決方案。我在德國的朋友安排我主持一場電視訪問，和在場的兩位年長人士談談他們在做的事、能做的事，以及對高齡化問題的想法。

訪問當天，當我看到兩位超過一百歲的女士被帶進來時，我非常驚訝。其中一位是海爾嘉（Helga），高齡一百零五歲。她述說著自己過去的故事，包括她和阿道夫．希特勒（Adolf Hitler）打架的那次事件。她擔任過共產黨領導人，為此多次入獄。在獄中曾經有人設計謀殺她，幸好被她逃掉了。

海爾嘉的記憶清晰完整，對人物、地點和日期的描述巨細靡遺。我一度促請她寫一本書，她回道：「年輕人，我已經寫了二十八本書了，難道你還要我再寫一本？」

為了改變話題，我問她對時下年輕人有什麼看法。她立刻回答：「越少談到他們越好。他們自以為什麼都知道，完全沒有興趣聽別人的意見。」

我問她這些觀察是不是出於自己和年輕人互動的親身經驗。

「當然。我有一個女兒，她快把我氣瘋了。她簡直無可救藥。」

我問道：「她多大？」

「她七十五歲。」海爾嘉平靜地回答。

突然間我才意識到，我們兩人對**年輕**這個字眼，想的不一樣。我開始覺得奇怪，我們怎麼可能強迫人一定要在六十五歲退休。對海爾嘉而言，一個六十五歲的人根本是個嬰兒！

我認為，海爾嘉對老化有很正確的態度。於是多年來，我一直鼓勵大眾，讓**退休**這個詞退休。當年歲漸高，許多人把退休日期看成是一個恐怖的日子。因為這就像是來自

⑤**作者注**　文中接下來有關高齡化和退休的內容，部分摘自穆罕默德．尤努斯參加國際老齡問題聯盟（International Federation on Ageing,IFA）於二〇一四年六月十日，在印度海德拉巴舉辦的第十二屆全球高齡化議題研討會（Global Ageing Conference）的演說內容。

職場的一則訊息：「再見！你已經不再有生產力、實用性和創造力了。」許多人退休後也不知道自己要做什麼。對這些人來說，退休生活彷彿是一種懲罰。

雇主是否應該讓一個超過某個年紀的人留在公司，是他自己的事。我對這一點沒有質疑。我強烈反對的是，用退休一詞來表示，一個人生命中這段特別的轉換時刻。這個詞實在是太糟糕了！它告訴你從此該結束工作生涯。除非是健康因素，否則我不知道有誰是應該被強迫退休的。社會並沒有要人退休這件事。雇主有權利不雇用超過某個年紀的人，但沒有權利以退休來宣稱某人已經不適合工作。難道人可以被封存起來？難道人的創造力會因為過了某個年紀，就突然消失或立即關閉？這樣想有道理嗎？難道一到六十五歲那一天，他們就會突然變成沒有功能、沒有創意的人嗎？人類不是機器，沒有開關。我們不能把一個人關掉。

因為這個理由，我堅持認為，**退休**這個字應該從我們的詞彙中退休。我們需要一個新的字眼，來承認創意的人生可以持續，並強調從人生的第一階段轉換到第二階段，也是最令人興奮的階段，所可能帶來的機會。事實上，第二階段是人生的自由階段，在這時候，人終於沒有成長和撫養子女的義務。在這個階段，人可以做自己想做的事，也不必受到別人的干涉。

快接近這個轉換階段的人，應該這麼想：

我為雇主工作了這麼多年。現在合約已滿，我可以專心做我一直以來想做、卻礙於合約不能去做的事。我已經從一個被牆擋住的世界，進入一個沒有牆的世界；一個更寬廣、有無限可能的世界。現在，這是我有生以來第一次有機會做回我自己。現在正是我享受做自己的大好時機。

對所有人來說，第二階段的人生是為這個世界做一點事的機會。一旦這個階段開始，這個人可能會這麼說：

我已經盡了我對雇主、孩子、家庭的責任。現在，我終於可以把自己貢獻給比較寬廣的世界。現在正是發揮我的創造力，解決那些我看不下去的社會問題、修正那些做錯的事，以及做我認為應該做的事情的時候。我不必再關心別人怎麼想。唯一重要的是跟著我心中的直覺。這是我做社會型企業的時候。

一旦你開始找方法，讓年長人士可以更完全投入社會的創意生活，就會跳出許多讓第二階段人生過得更好的點子。

另一次我到德國的時候，一個巴伐利亞朋友帶我到巴伐利亞邦的一個村落。這個村落有三千個居民，擁有年輕人所需要的現代社會完善設施，包括美麗的學校、美麗的運動中心、大型的遊樂場。我朋友特別想讓我看的是，因為村裡的孩子並不多，很多學校是閒置的狀態。而且，以目前的人口趨勢來看，情況很可能越來越糟。

另一方面，村裡超過六十歲以上的人口卻穩定成長。他們大部分的時間都很無聊、孤單、心煩意亂、無所適從。很多人終日在酒吧裡喝酒消磨時光，變得越來越沮喪。

我朋友安排我和一些村民會面，我們談了很久很多。我們一致決定應該在村裡推行一個新的計畫。每一個超過六十歲的人都將受邀入學註冊，以學習如何開始重新生活。除了研究一些他們以前沒有機會思考的主題，他們還會和當地的孩童互動。運用學校過多的設備，讓這些沒有被善用但經驗豐富的人得到新的啟發，可能會因此產生令人驚喜的全新行動，包括讓老少互相學習、創造新的社會化學作用的奇妙機會。

讓年輕人和老年人跨世代合作的構想，也可以激發出新的火花，找出解決高齡人口增加財務負擔問題的方法。第二階段人生不僅是為解決社會問題而貢獻自己能力的時候，也是成立社會型企業信託或基金會的好時機。託管的錢可以用來支持創立或推廣社會型企業。你可以把大部分的積蓄放在你的信託自己管理，並告訴你的孩子或朋友，等你離世後要交由他們來管理。不一定要很富有才能成立社會型企業信託或是基金帳戶，只要手邊有暫時不會用到的錢就行，或者也可以在遺囑裡注明在你過世之後才進行。

只要看看世界各國現有的養老基金，就可以大致了解這個構想的潛力。目前這些基金估計大約有二十五兆美元，透過投資收入和新的資金貢獻，每年仍然持續成長中。如果能把這些金額全部投入在老人福利上，會是一股非常龐大的財務力量。如果我們能把一部分的錢投資在解決老人問題的社會型企業上，不分窮人或富人，所有的問題都可以迅速解決。老人將不會再是任何地方的社會問題或是社會負擔。

老年人往往既有創意，又有資源。現在是我們承認這一點的時候了，並且要讓他們解開束縛，可以為了改造社會，盡其所能做出想要的貢獻。我們必須擺脫對老年人的舊有印象，應該視他們為有創意又有自由的人，能夠貢獻他們自己和他們的財富，以創造他們一直以來想要的世界。

8 科技力

——釋放科學力量以解放全人類

當我談到我們需要改變世界，需要創造一個新文明，以解決人類面臨的最大問題，還能包容所有人類的價值時，有時候會被相信科技能夠解決所有問題的人回嗆。他們指出數十年來日新月異的科技突破說：「科技專家能夠解決任何問題。全球暖化、飢餓、健康照護不足、教育問題、所得不均，所有問題在未來都可以藉著新產品和服務的研究發展，一一解決。」有些人還預言，未來將進入一個豐足的年代，地球上的人類將沐浴在富饒之中。隨時隨地，只要按一下按鈕，想要什麼就有什麼。這應該是不可思議的進步科技一定會帶來的結果。

我非常相信新科技的潛力。我也認為，在促進全世界大規模的社會與經濟改善上，科技占有一個核心位置。但是，我不相信科技可以自動解決所有問題。科技的確可以創造奇蹟，但是我們必須提醒自己，科技本身不會思考，它是為了某些目的而被創造出來的工具，而這些目的則來自於人的想法。我們決定設計某項技術的目的，然後再決定如何把它應用到其他的目的。

人類是科技的設計者和運用者。在今天的世界，它通常是出於自私的理由，或某種商業利益，有時候甚至是為了可怕的毀滅目的而被設計出來，歷史上的戰爭清楚說明了這一點。現在真正的挑戰在於，如何讓關心社會的設計者和運用者來駕馭科技，引導它到我們需要的方向。

由於我不懂如何設計科技，所以我一直試著把設計來滿足私利的現有科技，改用來滿足社會利益的目的。但這不是最好的做法。一開始就是為社會利益而設計的科技，才會有更大的力量，才會打造出以指數程度擴大的正面力量。但我們還是欠缺這方面的科技發展。於是，我藉著將現有科技運用在促進社會利益的過程，吸引大家去注意這個科技發展的斷層。讓我舉幾個例子，看看我如何運用這些科技。

很多年前，我就深信，資訊與通信技術有能力改變窮人的生活，也因此促使我創辦了一家叫做格萊珉電話（Grameen Phone）的行動電話公司。我們把行動電話引進孟加拉的村落，並提供貸款給貧窮的婦女，讓她們買得起行動電話做為生財工具。於是她們成了村裡的「電話小姐」，專門銷售電話服務給村民。如此一來，也等於創造了一種新的創業模式。格萊珉電話公司成立的時候，當地的電話小姐往往是村裡唯一擁有現代通信科技的人。當地人如果需要和外面的世界連結，包括和城市的市場聯繫、從政府單位取得資訊、了解住在遙遠村落裡的親人最新的健康狀況，或者問候住在美國、在中東當移動勞工的家人，都可以向電話小姐租用幾分鐘的行動電話。

這種簡易的創業模式果然立即奏效。將近五十萬名的孟加拉貧窮婦女，靠著當電話小姐為家裡賺進了額外的收入。今天，行動電話在孟加拉已經相當普遍，電話小姐的極盛時期也宣告結束。但是她們已經在很短的時間內，讓電子通訊設備成為全國家家戶戶高度肯定的家用科技。

可再生太陽能技術是另一個正在發展的驚人突破，我則利用這個科技，解決孟加拉偏鄉老人的問題。我創立了一家社會型企業，以平價、可靠的方式，把家用太陽能系統帶給偏鄉居民。我在第五章說明過，格萊珉夏地這家社會型企業專門開發、行銷太陽能家用機組、把動物廢棄物轉換成可以生火和發電能源的生物氣機組，以及對環境友善的烹飪爐。所有產品價格都訂在大部分孟加拉偏鄉家庭都買得起的價位。

有些人可能會覺得奇怪，我們有必要成立公司，讓孟加拉的窮人也用得到行動電話和可再生能源科技嗎？既然這些神奇的科技產品，都是由傳統以利潤最大化為目的的公司引進市場的，何不等他們自己來解決孟加拉貧困村落的需求？

其實，我們決定另闢蹊徑的理由很明顯。傳統企業的目標和我們不一樣。他們是向錢看齊。如果要賺取最大利潤，就要把產品行銷給收入金字塔頂層的族群，也就是掌握大部分世界財富的那一％。如果做不到超級富豪的生意，排名第二的賺錢機會是廣大的中產階級。雖然金字塔底層的人口數目龐大，但財富基礎微不足道，也就是說，這個市場沒有賺錢的吸引力。因此，科技總是要等到上面的市場都飽和了之後，才輪得到金字塔底層享用。

相反地，像格萊珉事業家族這樣的機構，總是以底層社會為首要考量的市場，因為，那裡才是社會和經濟問題所在之處，是社會型企業必須衝進去的地方。社會型企業設計的產品，必須符合成本，又同時能解決問題，不是為了賺取暴利。

科技越發達、基礎設施越改良、全球化越徹底，讓這個經濟制度越有效率，只是讓跨國公司把策略更聚焦在爭取服務富有和中產階級。如果你在一家傳統公司上班，除非收入上層的市場已經疲軟了，否則你不會為窮人設計一款智慧型手機吧。而且真要這麼做的時候，你也只會做一款現有產品的平價版，而不會專門設計一款符合窮人需求的新手機，這種手機不只比較便宜，操作也比較簡易、可升級、可改裝、耐用，而且能更有效率地解決窮人的需求。

有趣的是，新科技產品從來不曾先從窮人這一塊市場開始，然後再漸漸運用到比較高層的市場。實際過程總是反過來。因此，科技市場上總是有一個巨大的斷層，全球各地的數十億人陷落其中。

毫無疑問，現代科技的潛力絕對值得敬畏，每一年似乎都會有新的突破。科技為交通運輸、製造業、農業、健康照護，特別是資訊管理和通信活動，帶來了新的速度、靈活性與力量，讓許多產業正在發生革命性的改變。然而，這些改變缺乏一個全球性的願景來帶動。厲害的創新技術大部分是為了促成商業上的成功。創意只會湧入商人看見市場潛力的方向。

科技天才永遠都有兩個基本選擇，他可以奉獻自己，去創造能夠拯救數千人生命的醫療突破，也可以發明一個讓人自我娛樂的應用程式。在大部分的情況下，科技天才會被推向聚焦在有創造百萬獲利潛力的產品上。利潤是傳統經濟的北極星，決定了一切的方向。缺乏集體目的地時，我們唯一遵循的高速公路路標，就是利潤這顆北極星。現在，沒有人在這條高速公路上設置任何路標，指引我們前往集體想望的目的地。這引起了一個問題，這個世界有任何目的地嗎？如果沒有，該不該有？

就像我之前解釋過的，永續發展目標就是在嘗試設定短期內的目的地。這是一個好的開始。永續發展目標給了我們一個超過十五年的方向，雖然這十五年在人類數百年或數千年的旅程上，只是短短的一瞬間。許多人和許多組織都決定跟隨永續發展目標的方向，遺憾的是，大部分營利企業都還沒有轉往有意義的方向，因為對他們來說，成功的定義並不包括這些目標。

事實上，憑著人類的創造力，再加上今天科技驚人的成就和突破，任何目標都是可以達成的。但是，當我們把數兆美元投資在發展軍事和商業用途的機器人和人工智慧時，卻沒什麼人有興趣運用科技來克服人類世界所面臨的重大問題。我們隨著自私的個人目標和公司目標而漂流，還因此沾沾自喜。科技的發展缺乏任何造福社會的方向，我們很可能會錯失自私雷達無法偵測到的大好機會。

幸好，還是有人憑著個人的努力，運用科技的力量達成社會目標。世界各國都有個人、公司主管、非營利組織領導人，還有社會型企業創辦人，致力於運用科技以謀求社會利益。其中不乏令人印象深刻的成果。

無限公司（Endless）就是一個例子。這是一家電腦公司，創辦人是來自加州的青年麥特・達里歐（Matt Dalio）。我認識他的父親雷・達里歐（Ray Dalio），他是一位成功的創業家，對於我的構想和工作也很感興趣，在我創立格萊珉美國時，提供了大量的資金援助。

麥特・達里歐被我經常提到的一個點子吸引了，也就是全球通用的電腦和網際網路連結方式。電腦是全能的創造工具，將電腦與通信科技連結之後，就可以成為力量強大的問題解決機器。但世界上大部分的人都沒有運用這個工具的途徑。為什麼？因為電腦太昂貴了，沒有連上網路的電腦功能也相當有限。

麥特・達里歐就把焦點放在這兩個問題上。他知道電腦連結資訊與通信技術之後，有改變窮人生活的潛力，於是他著手進行，結合電腦與智慧手機的力量。他想從頭開始為開發中國家，包括難以或無法取得可靠電力或網路連結的人，設計幾款既實用又平價的桌上型和筆記型電腦。他的目標是把電腦的價格降低到五十美元。

科技本身的成本並非最大的挑戰。達里歐知道，啟動智慧型手機的處理器也可以啟動電腦的中央處理器。鍵盤和滑鼠大概十美元就有了。大部分的人都有的電視就可以充當電腦螢幕。最大的問題在於網路連結，總結起來就是兩個數字：在新興市場中，一般網路數據方案只提供三百ＭＢ的資訊量，但一般個人電腦用戶每個月平均使用量為六十

ＧＢ，大約二百倍以上。這表示，典型的個人電腦在這種情況下根本沒辦法用。

達里歐沒有因此放棄。研究顯示通信本身並不貴。舉例來說，三百ＭＢ的數據方案可能可以傳送十萬條短訊。真正的挑戰在於下載資料。但是根據統計，我們只消耗了網上所有可用資源的一小部分。舉例來說，大約八〇％對維基百科的搜尋，都集中在三％的維基百科內容上。

這個數字給了達里歐他需要的開始——資料儲存。達里歐曾經對我說明過，大部分的人需要的儲存容量，比我們以為的小很多。從實務的角度來說，很可能可以把一般人一輩子會造訪的網站上的圖像和資料，取出壓縮，然後裝入一個二ＴＢ的電腦硬碟裡。結果就是：在**沒有網路連結**的情況下，一個人還是可以取得所有需要的資訊，這是可能的。

正如達里歐所說的：「目標不是擁有一切，而是每個人都能幾乎擁有一切。」這就是低成本電腦無限驚人力量背後的祕密。

無限的基本款用的是Linux免費作業系統，內部預先安裝了五萬篇維基百科的文章，以及超過一百種教育、工作和娛樂的應用程式。這些資料都可以在離線時使用，與網路連結時也可以隨時更新。附帶的好處是，孩子使用無限電腦可以取得網際網路上幾乎所有的資訊，卻不必擔心孩子不受控管、未經指導的使用風險。家長不必為孩子使用網路的用途而擔心。

最了不起的是價格：無限電腦售價只要七十九美元。雖然目標仍然是把價格降低到五十美元以下，但即使以現在的價格，也已經可以讓從前根本買不起電腦的全世界四十四億人口，有機會使用無限電腦。①

無限公司同時有兩種型態的業務在運作，一種就像傳統的營利型企業方式運作，另一種則像社會型企業，為得不到充分服務的族群，提供之前享受不到的教育、健康以及創意服務。

無限公司目前已經由五大電腦製造商中的其中四家，運送到全球各地的市場。它已經成為印尼和東南亞大部分國家的領先個人電腦平台。此外，它已經被選為巴西教育部的標準作業系統；未來幾個月內，還將成為許多拉丁美洲國家的主要平台。無限團隊正

---

①**作者注**　Jason Choi, “Emerging Markets Can Be Wildly Profitable—If You Aren’t Focused on Mobile and Cloud,” *Forbes*, June 8, 2016, https://www.forbes.com/sites/groupthink/2016/06/08/emerging-markets-can-be-wildly-profitable-if-you-arent-focused-on-mobile-and-cloud/#1806387038fe.

在開發任何孩童、任何地方都可以使用的教育工具，同時還幫助他們學習程式設計，因為達里歐相信，這個技術將是未來世代必備的讀寫能力。

電腦具有改造世界的神奇潛力，從這一點看來，我認為達里歐為公司取的名字非常適合，機會的確無可限量。

你也許可以了解，為什麼我會把科技列為第二個超級力量。因為科技將扮演關鍵的角色，協助我們建立我們在尋覓的新世界，只要我們能夠駕馭它，不要一味地以追求個人財富和公司利潤為目標，而是以服務全人類為目標。

駕馭資訊與通信技術的相乘力量

成立格萊珉銀行的時候，我們面臨的一個挑戰就是，孟加拉鄉村缺乏資訊與通信技術。那時候還沒有網際網路，在孟加拉沒有幾家公司有電腦設備，家裡有電腦的更少。行動電話這類的手持設備，那時候都還未誕生。在孟加拉的村落，連取得電力都像夢想一樣遙遠。今天現代金融機構所仰賴的數位記錄存取和通訊功能，當時完全都沒有。

幸運的是，我們不需要擔心資訊與通信技術，因為那時候根本沒有這種東西存在。

我們運用可以取得的工具，設計了格萊珉銀行的管理系統。大量的資料全都靠人工一絲不苟地記錄下來。這麼做的確很大膽，必須有堅定的決心。我們自己研發出一套簡易、低科技需求的系統，以管理財會和各種行政資料。銀行職員住在偏遠的村落，每天拜訪貸款人的時候，都要走很遠的路程；或是騎著腳踏車在窄小而泥濘的小路，甚至不是路的地方前進；或是划著小小的船在孟加拉縱橫交錯的河道上航行。他們用手在帳簿上記錄貸款的餘額，然後定期向位於達卡的銀行總部報告。

這個制度既費時又笨拙，但卻行得通。我們沒有因此漏失掉什麼。這樣的系統也剛剛好適合我們，服務那些從來沒有聽過銀行這個字眼、還以為那是什麼動物的貸款人。他們有很多人是文盲，甚至之前從來不曾處理過錢。

在桌上型電腦開始被引進孟加拉的時候，格萊珉銀行是第一個在分行安裝電腦，儲存資料的機構。因為不是所有分行所在的鄉村都能取得電力，我們就為分行加裝發電機。我們不必為了網路連結而傷神，因為那時網路還沒有出現。

當然，現在格萊珉銀行已經全面電腦化和網路化，特別為我們量身訂做的管會軟體也很完善。職員幾乎不需要用手寫什麼，系統就會自動產生報告。不只是職員，幾乎所有的貸款人和他們的孩子都有手機，而且大部分都是智慧型手機。

現在的世界因為科技而更緊密連結，能做的事更多、更快，也更容易，還能服務更多的人。新的資訊與通信技術有神奇的相乘力量：它能將金融等服務帶到以往難以去到的地方，也讓創新的社會型企業計畫比以往更可能快速擴展。

從微型貸款平台奇瓦（Kiva，按：在非洲中部用的斯瓦希里語中，Kiva代表團結的意思）的例子，可以看出資訊與通信技術的相乘力量。奇瓦是群眾募資的先鋒，二〇〇五年由軟體設計師麥特・富蘭納瑞（Matt Flannery）和妻子潔西卡・賈克利（Jessica Jackley）共同創立。二〇〇三年，當時兩人正在籌備婚禮，潔西卡帶麥特到她工作的史丹佛大學來聽我的演講。格萊珉銀行的故事，以及我和孟加拉婦女的合作，深深打動了他們兩人。結婚之後，潔西卡搬到烏干達，為一家做微型貸款的非政府組織工作。她發現限制更多窮人得到微型信貸的因素，在於可以出借的資金不足。這一點啟發了麥特和潔西卡，他們決定自己籌措資金，提供給那些可能永遠申請不到貸款的人。

來拜訪我們的這對年輕人是千禧世代，也就是所謂的「數位原住民」（digital natives），從小就在科技產品的伴隨中成長。他們很自然會思考，如何運用資訊與通信技術，讓微型信貸產生相乘倍數的效果。結果就是奇瓦。

奇瓦利用一個網路平台，把需要資金的創業者與有閒錢的人連結起來。透過奇瓦，人們可以借錢給他們認為值得投資的計畫，一次一小筆錢，也許是二十五美元、五十美元，或者一百美元左右。網際網路的力量讓人可以跨越空間的距離，產生連結。數位科技的快速數據處理能力，能讓人輕易而快速地找到有興趣的計畫類型。如果你想把錢借給從事創造收入活動的拉丁美洲女性創業者，或是澳洲的原住民手作工匠，或是在北非街頭賣餅乾的婦女，很可能都可以在奇瓦上找到你屬意的投資對象。

因此，那些可能不會被傳統銀行考慮的創業者，可以透過這種方式，為他們的小事業取得融資；那些有點小錢可以借出的人，會因為知道自己的錢幫助實現了一個有價值的新事業，而感到滿足。到了二〇一七年，奇瓦已經透過一個全球性的微型貸款組織，連結了全球八十二個國家，一百六十萬名放款人和二百二十萬名貸款人。奇瓦已經促成的貸款總金額，超過九億六千萬美元，償還率為九七％。

當社會型企業的概念開始在全世界各國生根，利用奇瓦平台來支持社會型企業自然是合理的下一步。於是，ＹＳＢ的共同創辦人兼執行長薩斯奇雅・布里斯頓和奇瓦的董事長普麗瑪爾・莎哈（Premal Shah）會面，兩人一同腦力激盪如何實現這個構想。

一開始，先由阿爾巴尼亞的ＹＳＢ所支援的兩家社會型企業，開始測試這個構想。一家是羅查費（Rozafa）公司，經營阿爾巴尼亞鄉村地區十五個手工藝品工作坊，並提供訓練、設備以及經銷中心，共為超過一百二十名當地婦女提供收入來源；另外一家是伊喬那（E Jona），這是一家位於首都地拉那的咖啡館，不僅為殘障人士提供飲料和點心，還提供他們一個可以舒服地聚在一起交流的地方。

當這些計畫初次登上奇瓦的網站時，沒有人知道造訪者了不了解社會型企業的意義，或是奇瓦能不能順利為這些事業募得所需的資金。結果，兩項募資計畫都立刻順利完成。很明顯的，奇瓦的支持者不但了解社會型企業的概念，還很愛它。而且，奇瓦的優點還在於網際網路的無遠弗屆，因此，世界上任何一個角落的社會型企業計畫，都可以得到幫助。在那之後，YSB仍持續以奇瓦做為平台，為阿爾巴尼亞、海地、巴西以及烏干達等地的社會型企業計畫募資。

奇瓦只是一個開始。現在，數位資訊與通信技術被運用在能發揮相乘效果的新方式上，並接觸到更多的社會型企業計畫。創理是其中一個例子。由克里斯欽・凡尼茲所推動的這項青年運動，我們已經在第七章介紹過了。創理有兩個法律實體組織，一個是非營利組織，致力於推廣社會型企業；另一個是一家社會型企業，但是根據法國法律，被定義為一家營利公司。後者賺的所有利潤都歸前者這家非營利組織所有，因為它是後者的唯一所有人。從這一點來看，後者也算是一家社會型企業，因為它不為任何所有人產生屬於個人的利潤。

創理以維基百科的模式，經營一個開放原始碼（open-source）的數位平台，讓全球各地成千上萬的人，可以在此以有創意、有生產力的方式自由互動。維基百科平台的存在，讓數千名志願人士得以自由提供資料，共同編寫一部知識百科全書；創理平台的存在，是為了支持社會型企業的成長、開發和推廣。

聯合國的十七項永續發展目標是創理平台上重要的元素。如果你是準社會型企業創業者，你必須先上創理說明，你的計畫將直接支持永續發展目標之中哪一個或哪幾個目標。如果你的構想得到了創理委員會的認可，計畫的相關資訊就會被放上網站，還會注明你所需要克服的挑戰。這些挑戰可以是各式各樣的商業問題：「該如何找出產品的最佳目標市場？」「該考慮哪一種經銷管道？」「如何找到願意和我合作的財務專家？」

現在，創理社群結合了網際網路的力量之後，立即展開行動。二〇一七年初，來自四十五個國家，超過二萬五千名志願者，透過創理平台，和超過一千三百個尋求支援的社會型企業取得聯繫。志願者自稱幫派分子（Gangsters），發展社會型企業的創業者則被稱為創理家（SenseMakers）。

創理網站手冊，說明了創業者可以期待接下來會發生哪些事：

之後，人們將會開始腦力激盪，在線上提供點子。我們會號召一些人成立一個研討小組，為你解決接下來三十天內你將面對的挑戰。

一旦有人志願站出來成立研討小組，你可以選擇一個日期和地點，然後抽出一個小時，和這位促成者討論你面對的挑戰細節。

負責召集研討小組的志願者，將利用這一個小時的面談內容，來判斷我們是否朝著正確的方向，協助你解決最關鍵的挑戰。他將會把你的目標和限制納入考量，確保你可以在你的事業上實際運用這些方案。你們雙方必須定下一個意見輸出量，以確保你對研討小組的成果感到滿意。

在召開研討小組的當天，你將向與會人士呈現你的計畫。與會者會有幾分鐘的時間向你提問。之後會進行一個創意思考的過程，你也必須參加這個過程。你會被要求表現得像其他的與會者一樣，以確保這個過程不會因為你贊同或不贊同他們的意見，而受到阻礙。

研討小組會議結束之後，請寄一封回饋電子郵件，給提出你喜歡的方案的與會者。如果你需要協助，以擴充或施行一個方案，也請告訴他們。②

和奇瓦一樣，創理是資訊與通信技術力量相乘的最佳證明。社會型企業創業者把他所面臨的挑戰一張貼到網站上，就立刻和全世界的顧問網路連上線。這個顧問網路包含數千名有經驗、有知識、有見解的人，從廣告到人力資源、程式設計到商品設計，各種領域都有。更重要的是，這些人都熱愛、支持社會型企業，渴望協助新的計畫成功執行，以造福那些有需要的人。你可以想像，這是多麼令人興奮、多麼有價值的事。特別是對那些在偏遠地區或是窮人社區工作的社會型企業先鋒，因為在那裡要找到商業專家是如此困難。

另一方面，創理也扮演樞紐中心的功能，讓許多應用資訊與通信創新技術協助社會型企業成長的活動在此交流。舉例來說，創理也主持理立方（SenseCube），這是真實世界（不是虛擬）的社會型企業育成空間，目前在六個大城市進行，包括巴黎、墨西哥市、布魯塞爾、貝魯特、馬尼拉、西非國家塞內加爾的首都達喀爾。理立方專注在運用

---

②**作者注**　"How Does MakeSense Work?" MakeSense, November 2015, https://makesense.s3.amazonaws. com/resources/social_entrepreneurs.pdf.

科技和線上社群達成社會型企業目標的計畫案，目的是希望運用這些工具，讓這些計畫比只用傳統的溝通途徑，還要更快、更好的擴編方式成長。

從食物市集（Food Assembly）的例子，可以看出它的運作方式。食物市集把小農和想訂購食物並且要送貨到家的居民連結起來，目標是為小農增加收入，以提升他們對當地環境正面且永續的影響，同時也為城市居民供應更完善的健康有機食品。在創理的協助和指導下，食物市集正在實驗運用網際網路，以快速將服務擴展到全世界許多城市。

食物市集最早是在二〇一四年成立於英國，由當地數家公司組成，每一家公司的創辦人與主辦人都致力於推動永續的在地農業。在食物市集合作社（Food Assembly Collective）的專家指導之下，主辦人會找出適合的場地，也許是當地的一座公園、社區中心或者學校，或任何可能需要定期運送食物的地方，然後招募在地農夫製作要銷售的食品。之後，主辦者再開始組成一群和這個計畫有關的人，並運用各種廣告、行銷與宣傳消息的工具，吸引渴望享用在地生產的新鮮食品的顧客。同時還設有一個線上市場，讓顧客可以在網路上下單。

在預先定好的時間（例如星期六早上），農夫會聚集在食物市集的會場，將農產品交給顧客，顧客也可以趁這個機會和提供食物的農夫，以及與他們一樣愛好當地製作的健康食品的鄰居來個相見歡。時間一久，他們往往形成一個在地社群，一起努力參與、支持、傳達他們共同理念（例如，環境保護主義）的各項活動。

你可以想像，每次只能在一個特定地點舉辦一個食物市集活動，要花多少時間和努力。為了加快整個流程，創理和食物市集合作開發一個網路版的平台，任何人在任何地方都可以進入。只要上網站查詢，就可找到離你最近的食物市集。如果你家附近還沒有，你也可以了解如何參加這個活動，甚至報名成為主辦人或生產者。已經成為食物市集成員的人會回覆你的問題，給你鼓勵。多虧了線上平台的強大吸引力，不到三年，食物市集就分別在法國、比利時、英國、西班牙、德國和義大利，設立了超過七百個據點，充分證明了我所說的數位資訊與通信技術的相乘力量。

創理仍在持續發展、改良運用科技的方式，以強化並推廣社會型企業。從二〇一六年開始，一位專精於開發、運用先進分析工具的數據科學家加入了創理團隊。這還要感謝他的東家，媒體公司彭博社（Bloomberg L.P.）的同意。這位科學家正在研發一個追蹤與測量社會型企業表現的系統，目的是找出更新、更準確的方法，以決定哪一種方式和做法，能夠為社會型企業想幫助的對象產生最好的效果。

運用科技解決窮人特有的問題

在一個傳統企業一味追求利潤最大化，必須滿足不斷提升營業額、利潤、股東價值需求的世界，窮人的需求很自然會被企業忽略。因此，新科技通常很快就被用來發展能吸引最富有的國家和族群的產品和服務。市面上充斥著各種電玩、娛樂產品，以及其他運用新科技的奢侈品，但是能夠為數億人解決貧窮、飢餓、無家可歸，以及其他問題的商品，則供應不足。

幸好，越來越多的社會型企業，開始探索運用科技改善窮人問題的方式。有些是直接把原本賣給有錢人的高價產品和服務，簡化或重新設計後，讓窮人使用；有些則是在深入研究窮人的生活環境之後，從頭設計出全新的產品。這些計畫開始實際發揮了新科技改變世界的潛力。

農業和氣候危機企業有限公司（Agriculture and Climate Risk Enterprise Ltd., ACRE）是一家科技型社會型企業，它的任務是藉由創新的保險措施，為小農提供對抗自然災難的保護。我之所以知道ACRE，是因為它有部分的投資資金，是來自格萊珉法國農業信貸銀行社會型企業基金（Grameen Crédit Agricole’s Social Business Fund）。這家由法國農業信貸銀行創辦的投資基金，是由法國銀行組成的巨型網絡，最初是為了服務國內農業社群而成立的。這個基金致力於投資社會型企業，主要以開發中國家，特別是以非洲為支援對象（我將在第十一章更詳細說明這個基金）。

二〇一四年六月，先正達永續農業基金會（Syngenta Foundation for Sustainable Agriculture）設立了ACRE，目的是協助非洲小農，解決嚴重困擾他們、令他們無法脫貧的經濟風險。要了解它的運作方式，必須先了解一下現實的農業危機，以及一般處理這類問題的方式。

農業本來就是高風險的行業。天氣無法控制，也難以預測，對農夫所賴以維生的作物產量又影響巨大。此外，當地、國內甚至全球農產品市場中無法控制、無法預見的變化，也可能導致農作物價格大幅波動，農夫一整季的利潤可能一夜之間就蕩然無存。但是農業是不可或缺的重要產業，人類的生存絕對必須依賴農業，沒有哪一個社會敢拿自己的糧食供應冒險。因此，大部分的國家都採取必要措施，以保護農民不必承擔農業固有的經濟風險。

這正是為什麼包含美國在內的許多國家，都設有農民特有的農業保險，並且享有最高可達六〇%的政府補貼。但是，這些補助計畫往往只適用於大型農戶以及他們所購買的保單。就和其他金融政策一樣，小企業主往往不被認為具有貸款信用或有利可圖，這意味著，對大型企業所有人來說，理所當然的金融工具，小企業主始終不得其門而入。

原本適合小農的「微型保險」計畫，卻申請不到政府補助，即使在像非洲這樣，小農代表大部分農業，也代表大部分人口的地區，也是如此。主要問題出在成本，因為管理保單的成本很高，如果保單很小，相對的高成本就很難提供合理的保費。這個問題影響到全非洲以及其他開發中國家，總計大約四億五千萬名小農（持有農地總面積不足二公頃）——這些農民背後要養活的家人總計超過二十億人。以肯亞為例，超過九六％的農地仰賴雨水灌溉，因此很容易受到乾旱和雨量不穩定的影響，農家也經常必須面臨血本無歸的風險。

ＡＣＲＥ運用了科技來解決這個問題。它提出了第一個專門服務小農的保險方案，運用行動技術以及即時的氣候和農業資料，提供有效又平價的保費。ＡＣＲＥ團隊由來自當地和國際的三十名專家組成，總部設在肯亞的奈洛比。他們以電腦分析天氣和作物產量的歷史資料，開發出一種可以運用行動技術的客製化保險產品。近年來，衛星天氣預報與監控科技上的突破，在提供必要的數據資料上，也發揮了關鍵作用。

成果出爐。在肯亞推出的安全農業保險（Kilimo Salama），是非洲最大的農業保險方案。為了讓保險既能負擔得起，又能普及，ACRE把保險和農民經常買的其他產品搭配銷售，像是微型信貸，或甚至是幾包種子或肥料。申請保險的程序也非常簡便。一包種子裡會有一張小卡，說明農民適用的保單內容，上面還有一個序列編號，只要打個電話就可以讓保單生效。為一英畝的玉米田投保乾旱險，一般要花一個農夫三十七美元，大約是收成的一〇％。用這些錢為可能被乾旱或洪水掃得蕩然無存的作物買個保障，算是很合算了。

然後，根據接下來幾個星期的天氣，ACRE的專家可以自動計算出某個農民是否符合理賠的資格。不需要保險公司派專人到農地去審核，就可以大幅降低成本，保險公司也因此能夠提供客戶更好的服務。根據保單合約，賠償金的發放也盡可能簡單，有時候可以提供農民免費的種子，或者也可以自動現金支付，直接存進農民手機上的數位銀行帳號。

到了二〇一五年年底，受到ACRE保險科技保障的非洲農民，已經將近四十萬人。這是一個絕佳的例子，證明現代資訊與通信技術有能力解決原本似乎無解的貧窮問題。只要科技專家和企業主管可以把獲利考量先擱在一旁，專注於開發簡單、實用，符合窮人需求的方案。

正如我在第三章的說明，我們看到充滿希望的徵兆，知道經濟覺醒已經在全球各地擴散，因為一些最成功的企業領導人紛紛表示，願意在現有以利潤最大化為目標的事業之外，同時進行社會型企業的實驗。其中一個投入實驗的公司是英特爾，設於矽谷的這家公司，如今已經是全球製造電腦處理器和其他先進科技產品的世界領導品牌。

一切的努力，包括後來的格萊珉英特爾（Grameen Intel），都是源於二〇〇七年，當時的英特爾董事會主席克雷格．貝瑞特（Craig Barrett）到孟加拉的一次訪問。當時，貝瑞特和我會面，談了很多有關格萊珉事業家族以及社會型企業的概念。經過仔細思考和討論，貝瑞特和他的同事決定成立一家社會型企業，專注於以創新方式運用科技，幫助世界上陷於貧困的人走向更好的生活。這個計畫的資金由英特爾投資公司（Intel Capital）以及格萊珉信託，也就是這家社會型企業的二位股東共同出資。

今天，格萊珉英特爾在孟加拉的達卡設有辦公室，在美國和印度也都設有團隊。他們有些是格萊珉英特爾的全職員工，有些則是英特爾的員工，分配一部分的時間給社會型企業。目前進行中的計畫很多，但都集中在開發能夠為窮人解決某些特定問題的軟體應用程式。大部分都是設計給智慧型手機之類小巧、可攜式的電腦設備使用，因為這類設備在價錢上負擔得起，而且供應充足，非常適合在開發中國家使用，不論是偏遠村落或是擁擠的大城市鄰里。

格萊珉英特爾的有些措施，是以提升小農的生產力和利潤為目標，和ACRE保險計畫所協助的對象相同。例如，馬瑞提卡（Mrittikā，按：孟加拉語的意思是土壤）是一個應用程式，提供孟加拉偏遠村落的農民最新、最正確的土質、作物營養、施肥需求等資料，對整個農耕社群產生極大的助益。

馬瑞提卡結合廣泛應用的土壤測試方法，可以測量土壤的基本營養含量，包括氮、磷、鉀，以及PH值（酸鹼度）。這個應用程式的厲害之處，在於它使用方便，提供的資訊也相當詳盡準確。只要按幾個鍵，應用程式的操作者就可以進入某個農民的完整資料，包括農田所在的詳細位置（運用Google Map）、建議栽種的作物、栽種的時間等等各種資料。馬瑞提卡會提供詳盡的指導，包括建議使用的肥料種類以及使用量、理想的使用日期等等。這個應用程式甚至還能提供附近有哪些供應商店，可以用比較便宜的價格買到建議的肥料。農民因此可以使用合適的肥料，省去許多問題與麻煩，從而節省金錢、提高作物產量、保護土壤的長期健康，避免因為過度或錯誤使用化學藥物，而損害土壤品質。

格萊珉英特爾進行嚴格的測試，利用示範區來確保應用程式建議的準確度，結果相當具有說服力。舉例來說，測試區的茄子（孟加拉的主食之一）採用馬瑞提卡建議的肥料之後的產量，比依照孟加拉農夫代代相傳的傳統方法種植，或者依照由官方組織孟加拉農業研究學院（Bangladesh Agricultural Research Institute, BARI）所提供的正式標準種植的產量都高。而且，按照馬瑞提卡的建議方法施肥，肥料成本比ＢＡＲＩ所建議的少了二九%，比傳統方法更能節省整整四六八%，對資金緊絀的小農來說，很可能因此省下一大筆錢。

今天，孟加拉共有四十個地區使用了馬瑞提卡，同時，印度和柬埔寨也正在測試。這個應用程式相當受到當地創業者的歡迎，他們結合了化學測試工具組和這個應用程式，為農民提供土壤分析服務。如此一來，馬瑞提卡不僅幫助了農民，也幫助了相關產業，包括輔導農民的人和銷售肥料的人，對整體鄉村經濟起了很大的提升作用。

健康照護是另一個窮人特別需要協助的領域，但是傳統追求利潤最大化的公司，往往不認為值得花心思去解決窮人的需求。所以，格萊珉英特爾目前也正在研發一些方案，為窮人解決某些特別的健康照護問題。

缺乏取得健康照護資訊的簡易管道，是窮人面臨的一個主要問題，在開發中世界尤其如此。數百萬居民居住的偏遠鄉村，通常距離最近的醫院和診所也要好幾英里。泥濘的道路，又缺乏有效率的交通運輸系統，往往使得一趟二十英里的路程，變成一整天腰痠背痛的折磨，身體狀況不佳的人又怎麼承受得了。當地的醫生和護士到府診療，在某種程度上填補了這個鴻溝。但是，專業人士不足，供不應求，因此，很多窮人病了好幾個月，甚至好幾年，都沒有機會向健康照護專家諮詢。

現代資訊與通信技術可以緩解一部分的問題。格萊珉英特爾其中一個計畫，就是提供健康照護資訊給準媽媽，因為其中有許多人完全不知道如何取得產前護理資訊。二〇一七年六月，推出珂以（Coel，按：孟加拉語的意思是「鵪鶉」），這是以優質耐用的塑膠製成的智慧手環，內建預錄的孕婦保健建議和指導資料。珂以的設計非常聰明，可以連續使用十個月不需要充電，也就表示，孕婦在整個懷孕期間都可以放心使用；它不需要連接網路、能說當地婦女使用的任何語言、有訊息要傳送時LED警示燈會閃爍。它還可以根據使用者個別的預產期做好設定，在正確的時間點提供最適合的健康照護資訊和建議。每星期大概有兩次，總共大約八十條健康訊息會傳送給孕婦。

珂以的優點還不只這些。這款手環經過設計，可以偵測出佩戴者吸入的空氣品質。特別是木材、煤炭或者牛糞生火煮食時，最常產生的一氧化碳所造成的室內空氣汙染。孟加拉和其他開發中國家的數百萬名婦女，每天都會吸入大量有害的煙，並對她們腹中的胎兒造成嚴重傷害。珂以能夠提出警告，提醒婦女走出戶外，呼吸新鮮空氣。

格萊珉英特爾正在做的這些工作，為窮人最急迫的問題研發新的科技方案，不但前景看好，也很具啟發意義。而且，他們在這條路上並不孤單。

我所知道最具野心的健康照護科技計畫，是由日本九州大學阿余・阿曼德（Ashir Ahmed）博士所領導的計畫。九州大學是和格萊珉事業家族合作，在校內成立了尤努斯社會企業中心的機構之一。阿曼德博士把他的計畫稱為「盒中醫生」（Doctor in a Box）。這是一組可攜帶的診斷工具，附加一個顯示器和通信介面，可供醫生、護士或受過訓練的醫護助理人員，在拜訪村落或到府探視個別病患時使用。有了這個工具組，醫護助理人員可以把病患資料傳送給位於遙遠城市的醫生，醫生可以據此做出仔細的診斷，並提供治療上的建議。

阿曼德博士相信，一旦他的盒中醫生開始正式使用，將能刺激外部廠商，提供相關的商品和服務，以提升整體服務的功能。他寫道：「這個盒子為醫療設備業者提供設計開發診斷工具的大好機會；軟體業者則可以整合這些診斷工具，讓即使只受過基礎訓練的護理人員，也能輕鬆操作。」時間一久，盒中醫生的威力將大大提升，裡面將包含許多特定測試以及工具，為居住在某些特定國家和區域的人，解決他們在健康照護上的特殊需求。

阿曼德博士預估，他的智慧結晶售價大約在三百美元左右，目前已經在孟加拉進行測試。他預見未來將有數百萬套這種工具組，提供給開發中國家各地的護士和助理人員使用，以協助解決數十億人長久以來沒有被照顧到的健康需求。

＊＊＊

這是一個充滿挑戰的年代，人口快速成長、財富不均現象猖獗、環境惡化等等問題，都對人類的未來深具威脅。然而，這也是一個人類能力以前所未有的速度大幅擴展的時代，這大部分要歸功於科學在過去幾十年來所創造的驚人技術。如果我們想要創造一個新的經濟和社會制度，就必須把這些科技用在對的方向上，那我們就有充分的理由相信，這個神奇的超級力量將發揮關鍵作用，將三零世界從夢想轉變成美好的真實世界。

9 善治和人權
——建立為眾人服務的社會

在打造一個人類可以生存與茁壯所需要的新經濟制度時，第三個不可或缺的超級力量就是，可以把腐敗、不公和潛在專制問題最小化，並尊重所有人權利的政治與社會結構。

有些人誤以為，尊重人權和經濟的成長與發展需求，是兩個互不相干的議題，甚至還有點互相衝突。這是在舊蘇聯時期造成的錯誤印象，當時為了要大力發展蘇聯經濟，最好還能與西方國家競爭，而把發展經濟做為政治打壓等殘酷行為的理由。但是，經由殘酷的統治政策所促成的經濟成長，並不能永續。創業精神的精髓就在於，人類將創意發揮到極致的能力。在一個高壓、受恐怖政權控制的環境裡，創業精神將無法萌芽。

以為獨裁路線會促進經濟成長的國家，長期下來可能會大失所望。建立一個充滿自由和實驗的氛圍，讓個人創業者可以徹底釋放創造力，結果會好得多。這才是培養社群活力的方法，長遠來看，也是建立共享與永續的經濟健康的方法。

可喜的是，大部分的經濟學家、政治理論家和社會科學家，現在都接受了這個原則。善治（good governance）、人權、經濟正義，以及經濟成長之間的緊密關係，已經廣泛受到重視。我們面臨的挑戰是如何把理解化為實際行動；如何建立一個尊重自由、正義、廉正原則的經濟、政治、社會制度，從而解放所有人類在各方面的創造潛力。

這個挑戰和其他重大挑戰一樣，不是那麼容易達成，需要智慧、紀律、無私以及勇氣。但是，人類做為一個物種，在未來五十年內，沒有任何一個挑戰比這個更重要。不論我們想把社會帶往什麼方向，善治都會是關鍵。

在追求改變世界時，如果希望發揮善治和人權的超級力量，必須先滿足幾個具體要求，這些包括公平可靠的選舉、沒有貪腐行為的政府行政機關、誠實的公民社會，以及尊重法治。在本書接下來的篇幅，我將針對善治的這些與其他基本要素，詳細說明我的觀點。

公平可靠的選舉

如果政府的立法人員以及最高治理人員，不是經過非人為操縱、不受威脅恐嚇、值得大眾接受的選舉推選出來的人，就不可能有一個誠實、運作良好的政府。因此，國家選舉的品質在很大程度上會影響善治的命運。如果選舉過程不夠公平透明，就別奢望有機會看到善治的其他條件。

在民主國家中，國家選舉代表一種過濾過程，重複進行之後，可以為國家的政治和政府達到清理的作用。如果過濾機制被阻塞了，要產生一個名副其實的民主政府，機會就會很低。一旦選舉受到人為操控，人民最後得到的可能就是一部壓迫、掠奪的機器，而這部機器的主要目標，就是確保這個過濾機制永遠不要暢通。

在充分信任的環境裡舉辦選舉，是善治的基礎。每一個選民都應該覺得自己的選票很重要，而且能夠在免於恐嚇或報復的威脅下自由投票。在很多國家中，要舉辦這樣的選舉並不容易。

可惜的是，這個世界對選舉品質似乎並不怎麼注意。國內選舉經常只被視為每一個國家都必須經歷的例行公事，或者被歸類為「內部事務」，外部團體無權過問。

是的，選舉絕對是內部事務，但是選舉品質應該受到其他國家的關注。一個欺騙世人的選舉將產生一個不合法的政權，連帶會破壞國際社群之間的關係。受到人為操控的選舉所成立的政權，很可能造成國家動盪，威脅區域情勢，促成對全世界造成傷害的活動。

為此，我強烈認為，聯合國應以提升選舉可靠度為優先事務，把這當作和平與安全議程的一部分。在這個議程下，應該成立一個特別計畫，研發可以確保選舉可靠度的適當技術；對所有選舉主辦單位提供持續的技術支援，並對所有國家選舉的品質進行觀測與報告。由於選舉的品質密切關係到政府本身的品質，因此對於區域和全球的和平與安全，以及能否達成永續發展目標，還有聯合國所有專門機構的目標，包括聯合國人權事務高級專員辦事處（UN High Commissioner for Human Rights）、致力於性別平等的聯合國婦女署（UN Women）、關注兒童權利的聯合國兒童基金會（UNICEF）、著重經濟發展的聯合國開發計畫署（UNDP），和世界衛生組織（WHO）等等，確保優質的選舉，都至關重要。

聯合國應該研發大量的政治和技術工具，確保這個目標能夠達成。例如，聯合國可以發展出選舉品質的公正評分系統，並以此系統根據選舉品質為個別國家或各組國家評等，然後為持續而穩定提升選舉品質的國家，提供財務、政治以及外交上的利益。聯合國應該評估掌管選舉機器的官方機構的獨立性和誠信度，以及媒體、在野黨以及國內外監督組織享有的自由程度。根據評估結果，聯合國應該建立一套標準，定出選舉品質的最低標準，並對連續未達標準的國家實施制裁。區域性的國家聯盟可以扮演重要的支持角色，以鼓勵盟邦積極達到聯合國的選舉標準。

聯合國也可以積極開發與推廣投票技術的改良形式，包括應用最先進的資訊與通信技術。世界領先的資訊與通信技術公司，包括Google、Facebook、Twitter等，都可以受邀協助設計新的投票技術，並和聯合國一起合作示範。例如，聯合國可以贊助開發一套能夠透過智慧型手機，運用生物識別工具進行遠距投票的科技。這項技術將協助解決選民在投票站附近受到恐嚇和暴力威脅的問題，這件事已經造成數百萬人民的投票意願低落。

同時，允許公民在一段特定的時間內投票，像是在一周之內或一個月之內，而非固定一天；而且可以從家裡、辦公室，或世界任何一個角落投票，如此一來，投票率將可大幅提升。之後，再以最先進的資訊與通信技術即時計票（就像世界實時統計數據〔Worldometers〕一樣，即時掌握地球上的許多數據，包括世界人口每一秒的變化），在投票期間持續更新各候選人所得票數的最新數據。這個一直在變動的資訊，可以激起選民的關注、興奮以及期待。看到自己不支持的候選人得票數很高，自己屬意的候選人得票數落後時，選民很可能會改變冷漠的心態。要讓選民動起來，最好的方式就是把選舉變成一個連續好幾天，而且高度公開的實況活動，如此一來，所有選民隨時都會知道選情的發展，每一個選民也會覺得，自己有機會參與甚至影響選舉的結果。

在研發改良的選舉方式全球標準時，在各國政府籌辦選舉的過程中，聯合國可以發揮全年的協助與監督作用。選舉不是發生在某一天的獨立事件，而是一段很長過程的最終結果。如果過程出了問題，結果肯定也不會正確。為了防止在過程上有瑕疵或貪瀆腐敗，由聯合國主導的監督組織應該提出警告，讓這個國家和全世界都注意到接下來可能發生的事。這樣一來，就可以在非法選舉破壞國家政府信譽，威脅國際社群安全之前，採取必要的糾正措施。

貪腐是致命弊端

對善治造成威脅的第二個大問題是貪腐。有時候，貪腐問題會被當成小問題，因為有人會這麼說：「包括富裕國家，所有國家都有貪腐問題。既然沒有國家能夠免疫。何必大驚小怪？」有些人甚至舉出似乎透過貪腐行為而蓬勃發展的國家為例，彷彿暗示，貪腐就像機油，能讓社會的進步之輪跑得更順暢。

貪腐是普遍存在的問題，這是事實。幾乎每一個社會都有個人層次的貪腐行為，即使在經濟發展進步、相對誠實的國家，也曾發生個別的貪腐醜聞。在開發中世界的許多國家，貪腐早已形成風氣，甚至完全制度化，因此人民已經放棄抗議，反而接受它成為生活的一部分。

在這些國家，貪腐是善治的致命弊端。每年被貪汙掉的大眾公款，隨便舉出來的數字，都令人咋舌。但這只是冰山一角。貪腐對整個治理體系的破壞，更具毀滅性。貪腐的程度直接決定了法治的程度。如果一個人可以用錢收買任何政府決策、國家政策，或是法庭判決，法治就成了笑柄；如果政治勢力成了通往財富的門票，人們將會為了奪取權力而不惜犯下任何罪行，這就是為什麼許多國家的選舉活動經常伴隨著暴力的一個原因。

看到各種政治貪腐技術在這幾年越來越出神入化，真是令人沮喪。腐敗的政府領導人和其事業夥伴已經學會運用聰明的公共關係技巧，高超的編故事能力，透過對媒體的控制，以及在其他知識社群裡的盟友，散播所謂的「另類事實」（alternative fact），以掩飾自己的犯罪行為。他們讓社會大眾相信，任何與他們作對的人就是叛徒，應該接受審判。在這種方式下，他們更是抓緊權力，而他們自己的貪腐行為，當然也就更難根除。

一旦貪腐文化成形，就很容易向社會的每一個階層擴散。任何在政府工作的人，每提供一項服務都會預期得到一份賄賂，算是固定薪資之外的一種「個人收費」。為了使這筆費用合理，確保對方肯付這筆錢，甚至壓榨出更多錢，這名政府員工會變得創意十足，以設計出各種花招刁難需要他服務的民眾。驗證一下身分、接受一份填好的表格，可能只是一筆少少的費用，但為了增加收入，這名承辦人會故意把事情搞得更困難。有些官員會暗示，他們可以提供化不可能為可能的特殊門路，還明確表示即使法律和規定也奈何不了他。很難申請到的事業執照、搶破頭的政府合約、有利可圖的稅收裁定、法庭的從輕發落，全部都有價碼可談。如果你對價錢有所抱怨，你那在官僚體系裡的朋友早已準備好因應的答案：「我知道這看起來有點貴，但是沒有辦法。這筆錢要用來打通層層關卡，直到最上層的部長，他才能拍板定案。」比較大的交易，就由部長本人直接與「顧客」交涉。

除了這種內部斡旋，政治貪腐還經常向外擴散，包括政府以外數不清的代理人，他們自稱為顧問、經紀人、說客、代表、管理服務商等等。有分量的政治人物身邊的朋友、親戚或有財務往來的夥伴，也稱為「裙帶資本主義家」，往往可以搶到油水最多的基礎建設合約或計畫。結果，國家收入有極大部分都流入了這些「貪腐陣營」的私囊。政府合約或計畫的成本被灌水虛報，因為得把回扣和各種浪費的金額都算進來。結果大眾得到了品質低劣的基礎建設、根本不能用的物資，以及危害健康、甚至危及生命的政府服務。

法治越弱，貪腐的規模就越大，反之亦然。獨裁政權最危險的一點就是，它在大老闆身邊往往形成了無止境的貪腐行為。一旦政府首長開始貪腐，貪腐就變成一股無法阻擋的風氣，不斷侵蝕社會的基礎。每一個基本部門，從司法、警察到軍事服務和金融體系，全都功能失調，並且變成一種壓迫工具，以確保掌權者能持續收割他們的不法利益。

要想消除政府貪腐行為以及裙帶資本主義，不是容易的事。歷史顯示，金錢和權力一旦結合，人就容易腐化。國家和國際希望藉由法律和條約，禁止商業交易的貪腐行為，卻無法達成目標。太多的公司照樣違反國家立法機關所訂定的法律和道德規範。非法所得的金錢透過洗錢、存到海外戶頭的手法，仍然大行其道。

美國和西方國家周期性爆發的醜聞，證明沒有一個制度能夠對貪腐問題免疫。雖然醜聞難免，但有些社會的整體紀錄的確比較好。當反對內線交易、利益衝突、裙帶關係的規則，清清楚楚寫入法律，並且嚴格而公平地執行，就會造成很大的差異。

建立誠實政府是常態而非例外的社會，需要全國的決心，以及管理良好的機構。許多元素都發揮關鍵作用。政府內部的權力中心能夠擁有自主權，這一點非常重要。例如，獨立的司法機關就可以在政府官員違法時，讓他負起法律責任。至於政府外部強大的民間組織，包括獨立報社、公民監督組織，以及各大專院校，都可以發揮揭發貪腐、呼籲導正措施的功能。政府領導人本身也應該以身作則，建立無私、愛國的榜樣，讓大眾產生期待，公僕的工作不是為了自己或朋友的利益，而是為了民眾的福祉。

包括透明國際組織（Transparency International, TI）在內的全球貪腐監督組織，已經做了很多令人讚揚的工作，成功地在許多國家提升大眾對貪腐的關注。我特別讚許ＴＩ的清廉指數（Corruption Perception Index）。[1]我希望他們能夠再加上一個指數——選舉指數（Election Perceptions Index），就會更完整了。把兩個指數互相對照，人們就能看出兩者之間的關係，並且準備好在必要的時刻採取政治行動。人們將了解到，一個領域的改善，也將帶動另一個領域的進步。我希望ＴＩ能夠考慮我的建議。

這個世界必須繼續堅持努力不懈，阻止政府日常運作中的貪腐行為。否則，我們將會因為不能建立一個善治的社會，而持續付出慘痛的代價。

政府不是問題

希望我沒有給大家一種印象，以為「政府就是問題所在」，或者解決方法就是「政府小一點」或甚至「完全無政府」。人民就是政府，政府就是人民。沒有政府，我們就不會有社群或國家。政府的工作是以最佳的方式，實現人民的願景；同時，政府也是人民的領導者；政府的角色是確保經濟和社會朝正確的方向前進。政府對於我們的生活是如此重要，以至於我們必須緊盯它。我們希望它好，希望它符合理想，希望它完美。它越接近完美，就越接近隱形狀態。

政府當然不可能取代個人創業者。但是歷史已經清楚告訴我們，一個運作良好的政府，對於釋放創業者的創造力，具有關鍵性的影響。一個社會如果能夠成功地降低貧窮

① 作者注　Transparency International Corruption Perceptions Index 2016, January 25, 2017, https://www.transparency.org/news/feature/corruption_perceptions_index_2016.

人口、改善生活水準、保護健康的環境，以及鼓勵平民大眾追求自我發展，往往是因為它有一個強大、穩定、誠實而且有效率的政府。

在西歐、北美以及東亞的一些國家，就是這種模式的例子。他們的政府並不完美，但即使人民與政府的意見有很大的分歧，政府大致上還是受到人民信任。人民相信有很多途徑可以解決這些分歧。難道這些國家的政府對誠實和公平交易的決心，不曾有過一絲動搖？當然有。難道他們不曾犯過妨礙經濟成長、允許貧窮繼續存在、容忍財富不均的錯？當然有。但是這些國家的某些傳統特質，包括對法治的尊重、對經濟自由的支持，以及願意回應社會各階層的需求，都是他們經濟成功的重要因素。

相較之下，南半球的某些國家對於上述種種價值缺乏相同的尊重和實踐，也因此妨礙了他們的經濟成長。這兩類政府之間的差異非常明顯，也突顯出善治的重要性不在於取代個人的主動性，而是提供不可或缺的支持。

善治的其他重要元素

為了建立我們的世界所需要的更新、更好的經濟未來，善治還包括以下幾個具體元素：

投資能夠支持經濟成長的基礎建設。不論是追求利潤最大化的傳統企業還是社會型企業，創辦成功企業所需的必要資源，有些並非個人創業者能力所及。如果你可以想出一個好點子，一個能夠讓數千人甚至數百萬人受益的商品或服務，真的很棒！但是，如果你處在一個社會和經濟基礎建設欠佳的環境中，要把你的構想經營成一家成功企業就很困難。如果連接鄉村、海港、城市的道路狀況不佳；如果渡河和穿山越嶺的橋梁和隧道搖搖欲墜，或根本就沒有；如果沒有完善的機場、港口可以運輸商品和人，那麼想要打造一家成功企業，然後拓展它的規模，將是一件極為緩慢、成本很高、而且很困難的事。

在建造和維護基礎建設的工作上，政府扮演著不可或缺的角色。有些重要的基礎建設在短期內很難產生足夠利潤，無法在經濟上自給自足。在這種情形下，以稅收和費用維持的政府機關，就必須站出來承擔這項任務。時間一久，如果這些計畫設計得好，也管理得好，就可以產生經濟效益並且持續成長，產生夠多的收益——包括稅收——就能夠自給自足。在美國的基礎建設，包括把電力帶給南方鄉村最貧困社區的田納西流域管理局（Tennessee Valley Authority），以及以高效率快速道路網連接全國的州際公路系統（Interstate Highway System），促成美國六〇年代、七〇年代的經濟起飛，都是最好的例子。

現在，公私合夥（public-private partnership）已經逐漸成為基礎建設的常見模式。私人公司或聯營企業和政府合資建造高速公路、隧道、地下鐵系統、發電廠，或是機場。合作細節各有不同，但是一般而言，私部門的投資條件是在未來一段漫長的特定時間內，通常是二十五年以上，可以獨家享有這項投資的經營和收入的權利。

遺憾的是，基礎建設計畫總是存在著圖利政客與其親友的風險。大型基礎建案不但在政治上深具吸引力，同時也為決策者帶來巨額回扣的機會，等於提供政府官員一條安全又方便的貪腐之道。貪婪、腐敗的商人出神入化的祕密交易手法，讓人很難發現這些勾當，因此牽涉其中的政客也完全不受大眾的監督。

這就是善治的重要元素發揮功能的時候了。新興國家過去欠缺基礎建設，需要建造現代設施以參與全球經濟。人民一定要堅持，善治的關鍵資源務必堅守崗位，貪腐所造成的浪費和不公才能降到最低。公民團體、監督機構以及非營利組織的盡職審查，是無法替代的力量。

運用科技，提升政府的效率和透明度。在私人部門，我們對於機器人、機器學習以及人工智慧等新科技的潛力，感到既期待又怕受傷害。期待的是新科技帶來的效率；害怕的是新科技可能讓人類失去工作，造成經濟混亂。

對於科技在私人部門可能造成的衝擊，雖然各方意見不一，但我仍然鼓勵應該盡速將新科技運用在政府服務以及全球金融上，特別是人民飽受貪腐摧殘的國家和區域。我相信，鼓勵政府以機器人、人工智慧、允許人們取得重要資料的平台網路，以及設計完善的軟體演算法，取代官僚和公務人員，將幫助政府運作更有效率、更親民，而且減少貪腐的機會。如果民眾可以用手機應用程式或者網頁，從政府的資料庫下載資料、申請許可或證照、投訴政府服務的缺失，或者尋求解決社區問題的協助，就會大幅降低貪腐的問題。要求賄賂才肯開門辦事的官方守門人，權力將會大幅削弱，而民眾也能夠更容易、更愉快地取得需要且應得的政府服務。

善治不應該只靠政府中的有德領導人物，畢竟這種可能性少之又少。我們可以運用科技來降低自私自利的官員假公濟私的機會。

將社會型企業納入市民計畫。有些政府方案，像是有些基礎建設工程，可以設計成社會型企業的模式。例如，我在《富足世界不是夢：讓貧窮去逃亡吧！》一書中解釋過，大型港口之類的大型基礎建設工程，其實可以交給由當地窮人持有股份的社會型企業來建造。② 如果社會大眾能夠要求，政府在選擇供應商或承包商時，不論大小，都能優先考慮社會型企業，將能降低追求利潤最大化的貪婪企業參與公共事務的機會。

可能存在的風險是，追求利潤最大化企業的無恥業主，或許會成立冒牌的社會型企業來爭取政府合約。然而，即使這種事真的發生，情況也不會比以前更糟。藉著獨立監督團體和新聞工作者的仔細審查，可以降低這方面的問題。時間一長，貨真價實的社會型企業自然會成長茁壯，打敗冒牌貨。

社會型企業提供一種永續的方式，讓政府實現他們的核心責任，也就是照顧經濟金字塔底層的人民，為他們開啟機會之門，讓他們照顧自己，過有尊嚴的生活。大部分的時候，政府都是採取不能永續的方式，藉由國家慈善機構捐贈物資來履行這個責任。有些時候，政府救濟的確有其必要，但不應該把它看成是解決貧窮問題的永久方案。治本的方案應該要考慮到需要幫助的人的自主性和尊嚴。貧窮不是窮人創造出來的，而是由我們設計的制度創造出來的。所以，政府的首要工作應該是修正這個制度，設定新的流程，讓財富集中的流向逐漸反轉過來，創造一個財富由眾人共享的社會。如同我在本書中一再強調的，社會型企業可以讓這一切實現。

政府應該避免經營金融和企業組織。掌握金融和企業組織，更難做到善治，也容易對掌權的政治人物形成誘惑，促使他們和其他公務人員掛鉤，利用這些企業提升個人或政黨的利益。公營企業應該盡快轉移給非政府單位來經營，最好是成立一個與政府脫鉤的社會型企業。在轉移這些資產的時候，政府必須特別謹慎，不要把它們交到貪婪者手上。因為，根據許多國家的前車之鑑，把資產轉移給追求私人利益的私人單位，只是製造另一個貪腐的溫床。

讓窮人參與設計和執行與他們相關的發展計畫。提高善治機會的關鍵條件之一，是讓一般大眾對影響他們生活的決策有發言權，並且受到重視。就拿強化基礎建設以加速經濟發展這件事為例，就是讓窮人參與打造基礎建設工程計畫的機會。

②**作者注**　Muhammad Yunus with Karl Weber, *Creating a World Without Poverty* (New York: PublicAffairs, 2007), chap. 5.

我們在格萊珉銀行的決策過程就是一個例子。董事會都是由向銀行貸款的婦女，同時也是這個機構的持有人組成。由同儕彼此推選出來的董事會成員，將全程參與格萊珉銀行的決策過程。

有些人似乎認為，授權窮人參與影響他們本身生活的決策，是愚蠢又不實際的想法。但是那些反對窮人參與決策的論點，大部分實在毫無意義。窮人可能缺乏設計基礎建設的某些有用知識，但對於會影響他們生活的政策與決定，他們就是會議桌上最頂尖的專家。在這種情況下，他們的智慧和經驗就非常重要。

我已經見過這種決策過程在格萊珉銀行如何有效運作。銀行董事會成員對銀行的管理階層相當尊重、信任；在做決策時，他們會參考管理階層給的建議。另一方面，銀行的經理人也準備好執行董事會的決議。根據我的經驗，很重要的是，必須提供董事會成員相關的資訊和技巧，用他們聽得懂的語言說明，就能把他們變成一起設計政策和計畫的夥伴。其中包括財務報告、工程和規畫的基本原則、經濟方面的數據，以及與某個計畫相關的各種參數，都要讓他們明白。如果能夠做到這一點，董事會所做的決議品質通常都相當高。

的確，要花上一點時間和精力，才能讓窮人組成的團隊具備這樣的能力。但是這麼做的好處遠遠大於成本。有太多速成的政府方案，在設計過程中缺乏來自預定受益者的意見，以至於無法符合人們的真實需求，反而只是肥了掛鉤廠商的荷包。我深信在窮人的參與和協助下所進行的基礎建設，更能夠達到改善窮人生活的效果。而且，比起由那些對窮人問題缺乏親身體驗的專家所設計出來的臃腫工程計畫，成本更低、效率更高。

讓所有人都能享有優質的教育和健康照護，成為經濟成長的基本元素。能夠刺激經濟成長，幫助窮人脫貧的基礎建設，不限於道路、橋梁、機場之類的公共工程，還包括**人類的基礎建設**（human infrastructure），也就是能夠幫助個人提高價值和創造力的計畫。這就是為什麼在探討需要政府支持，建造能夠改善、改良經濟的基礎建設時，也必須談到全民教育和健康照護的重要性。

在這方面，就像在其他基礎建設方案一樣，社會型企業都可以發揮重要作用。我在本書中曾經討論過格萊珉事業家族所創辦的幾個教育和健康照護計畫。這並不是主張，政府應該完全被公民部門取代。政府必須提供基本教育和健康照護服務。而公民的主動性可以彌補政府計畫的缺失或不足，做為政府服務的後援，或者對政府的挑戰，證明政府沒有理由為自己的失敗辯解。

有些時候，政府官員可能會選擇，把基本的醫療服務和教育外包給民間機構。如果是這種情況，政府應該提供必要的支援，讓民間機構的工作能夠更有效果、更有效率。例如，政府可以提供投資基金給致力於教育和健康照護的社會型企業，也可以專門為教育和健康照護計畫，成立單獨的社會型企業基金。

此外，政府必須設立品質、包容性以及透明度的基本標準，規定所有獨立的教育和健康照護機構都必須符合。如果交由私人營利企業經營教育和健康照護服務的時候，政府必須小心監督，以防他們忙著榨取利潤，忽略了服務品質。

讓所有人都能享受到銀行和金融服務。還有一種基礎建設，對底層民眾不論男女都非常重要，政府必須確保每個人都有權享用，那就是金融服務。這方面的基礎建設經常受到忽略，或許是因為傳統思維從來都不曾理解金融服務對窮人生活的重要性。信貸、儲蓄、保險、投資基金，以及退休基金這類的金融服務，能為人們創造經濟機會，確保各方面的成長。因此，政府是否能夠確保每個人都有權享用這些服務，就顯得極為重要。

當然，格萊珉銀行的故事清楚說明了，當金融服務能被眾人享有，特別是那些從來不曾被傳統銀行視為潛力客戶的貧窮婦女，會產生什麼樣的力量。格萊珉銀行能夠做到自給自足、憑著自己的資源就可以維持運作、貸款還款率高，而且大部分的持有人都是貧窮的女性借款人。它鼓勵儲蓄、提供保險和退休金基金服務、支持創業，因此把權力、自由以及尊嚴還給數百萬不識字的鄉村婦女。格萊珉銀行四十年來的成功事蹟不曾中斷，因此能夠在二〇〇六年獲頒諾貝爾和平獎。

有了這樣的紀錄，再看到世界各國政府和中央銀行，幾乎完全忽略自己有責任確保窮人使用金融服務的權利，讓人頗感意外。全球婦女組織至今仍未將這項保證列入賦予女性權力的重要議程中，也讓我感到失望。更令人震驚的是孟加拉政府攻擊格萊珉銀行的方式。格萊珉銀行適用的準據法（governing law）遭到修改，目的是想把格萊珉銀行轉為官辦銀行，把控制權從貸款人兼持有人的手上搶走。二〇一一年三月，我被撤職。六年之後，政府甚至不允許格萊珉銀行自行指派執行長的人選。

發生在格萊珉銀行的事，代表世界向後退了一大步。從以往孟加拉官辦銀行的歷史來看，很容易就可以得出結論：格萊珉銀行正在步向災難。由於準據法大幅改變，眼見一個曾經創造歷史、受到諾貝爾獎肯定、催生為窮人提供銀行服務的概念與做法，並啟發全世界在銀行服務發現新方向的機構，被迫突然往後倒退，真是令人心痛。唯一能拯救這家銀行的方式就是取消那些改變。我希望在一切都太遲之前，好的判斷力能夠取得勝利。

發展、執行保護環境的公平規則。善治的另一項重要功能就是環境保護。光靠自由、公平的市場，無法防止企業和其他組織，包括政府機關本身，汙染空氣和水源、浪費自然資源，而導致全球氣候變遷的大災難惡化。

一個眾所周知的兩難局面，稱為**公共財的悲劇**（tragedy of the commons），可以解釋其中的道理。在環境保護的議題上，個人利益和團體利益明顯分歧。任何一個人或是組織，例如一家營利公司，都可以藉由傷害環境而獲得利益，傷害行為可能包括不確實遵照碳排放規定、濫捕瀕臨絕種的魚類、使用塑膠製作產品包裝或者吸管、水瓶等消費性產品。但是，如果每個人都表現得如此自私自利，公共財總有一天會被消耗殆盡，到時候每個人都會受到傷害。

在這種情況下，就必須由一個比任何個別力量都大，並代表整體社群說話的外部力量介入。最一般的情況下，政府就是這個力量。為了未來世代的福祉，世界各國的政府必須扛起這個責任，建立、執行公平且合乎科學的規則，保護空氣、水源、土壤，以及所有人類賴以生存的自然資源。

強化促進人類自由的民間組織。我一直強調，如果沒有一個新的部門，也就是致力於解決我們身邊堆積如山的問題的社會型企業部門，我們所知的這個資本主義制度就是有害的制度。社會型企業的驅動力是來自人類行為中一個被大家忽略的因素：為了單純的喜悅和自豪，無私地解決人類的問題。

基於同樣的理由，如果只從政府、私人營利事業，或者公民的角度來思考，雖然這三部分全都是依照國家憲法的共同原則發揮功能，但我認為，我們對社會的看法不但不完整，甚至還對大多數人不利。因為在這個架構裡，缺少了一個重要的力量，一個讓整個體系平衡運作的關鍵力量。這個力量就是社會型企業，社會型企業主要是由公民成立，唯一的目標就是，解決營利型企業製造出來的各種問題。民眾可以以個人或團體的方式創辦社會型企業，再與其他的社會型企業、營利型企業，或是政府、非營利組織攜手合作。同樣地，政府和營利型企業也可以創辦社會型企業。

在補足社會其他關鍵要素時，民間機構同樣發揮重要的作用，而且可以有很多種形式。以美國為例，民間機構包括政治智庫、遊說團體以及公民組織；致力於環境保護、民權、教育、健康照護等議題的非政府組織；也包括各種專業組織、工會、基金會、慈善團體，以及消費者團體等等。

在讓政府與社會回應公民的需求與願望時，這些民間機構發揮了很重要的作用。他們提倡重要的法律和立法改革、傳播重要資訊；當社會中某些特定族群的利益受到威脅時，他們挺身而出捍衛這些人的利益；他們也代表不同的意見，尤其是那些很容易被忽略的意見；他們還揭發政府官員、企業領導人以及其他有力人士的不當行為。由民間機構組成一個自由、強大而活躍的大網絡，對於讓善治得以實現和人權得以伸張，能發揮很大的力量。

遺憾的是，在很多的社會裡，公民社會並不是那麼自由、強大而活躍。有時候，政府會運用權力騷擾、限制，甚至對民間機構做出具體威脅。情治單位可能在領導階層或組織的指示之下，對民間機構進行干涉，使其無法運作。膽敢挑戰政府的民間機構，可能因捏造的指控而遭到法庭審訊，目的就是要讓這個民間機構關門倒閉。政治組織可以鼓動他們的成員，恐嚇或攻擊和他們立場不同的民間機構領袖。時間一久，飽受威脅的一般人只好變成沉默的旁觀者，或者自覺無能為力，只好明哲保身。

如果我們想要一個人權受到重視和保護的社會，就必須認同民間機構的重要性，要保護他們不會受到攻擊。此外，我們應該堅持，政府不但不應該傷害民間機構，還應該制定強化、輔導民間機構的規則和政策。

能夠發揮這些重要功能的政府，包括支持重大的基礎建設，將貪腐和浪費降到最低，並且讓窮人參與建設的發展計畫；確保所有人，包括窮人，都能得到基礎的教育、健康照護以及金融服務；確保獨立的司法機關、法治以及媒體自由，為未來世代做好地球保護，才是運作良好的政府。如果地球上的公民都要求自己的國家政府達到這個標準，我們就是向一個新世界邁進了一大步，在這個世界中，一個讓所有人受益的新經濟制度將是可能的。

尊重人權：經濟自由和所有自由關係密切

善治的需求和人權的保障之間，關係非常密切。歷史證明，從長遠來看，二者之間缺一不可。歷史也證實，造福所有人而不是把財富和特權交給少數人的永續經濟成長，也有賴這兩者同時存在。自由和消弭貧窮總是伴隨出現。人類文明最終可能同時達成這兩個目標，或者都沒達到。

歷史的力量再加上人類的短視、恐懼與貪婪，造成了今天的局面：不管是經由定義模糊的法律或政策，或是隱約的歧視或偏見，大部分的社會都存在著被降級而邊緣化的族群。不受歡迎的種族族群、特定宗教信仰的成員、選錯邊站的政黨支持者，還有最重要的窮人，幾乎每一個社會都有數百萬人的才能和活力得不到機會發揮。

事實上，從漫長的歷史軌跡已經可以看出一些進展。南非的種族隔離制度已經廢止；美國南方歧視黑人的情形大都已經消除；印度種姓制度最糟糕的習俗已經受到控制。但很可惜，全世界對保障自由的決心，還是有如潮水般起起落落。二〇一七年，我們看到了一些強烈抵制自由人權運動的壞徵兆。經常妖魔化少數種族、民族、移民和難民的右翼民族主義團體，在許多國家都出現成長的趨勢。強調女性以及特殊性向者也應該享有平等權利的趨勢，卻受到某些人以宗教制裁為名加以阻礙。

事實上，經濟的自由與成長和人權以及對所有人的尊重，是密不可分的。如果你想要一個能夠釋放人類創造力、降低財富不均、讓每個人能追求夢想的經濟制度，就必須捍衛所有人的權利，並對抗想要限制人權的人。

當工作者想要辭掉工作，或是因為年紀到了被要求離職，他們應該有權利和機會開始人生中的第二階段——自由階段。社會應該為他們提供社會型企業創投資本，幫助他們獨立創業，以發揮他們的創造力。

我之前已經強調過年輕人創業的重要性。年輕人不該再陷入迷思，以為他們的人生和快樂只能靠著一家公司，或是被稱為創業家的一小群特別人士的欲望和計畫來決定。在這個迷思中，這些特別人士是「創造工作的人」，他們憑著自己的創造力和聰明才智，徒手打造了今天的成長和榮景。

我不認為有一群稱為創業家的特別人士。每一個人都有成為創業家的潛力，而且，所有年輕人都應該得到幫助，以追求這個目標。我們都可以是創業家，而且這麼做可以讓我們的世界以及我們的經濟，達到前所未有的繁榮。

但是，不論社會型企業還是傳統追求利潤最大化的公司，一家成功企業若要成長，就會需要員工。如果我們的經濟制度足夠公平、自由、平等，能夠讓所有人都發揮潛力，一起打造更好的世界，那麼，員工的權利也應該受到尊重和保護，或者，至少等到所有員工都成為就職公司合夥人的那一天為止。所以，讓我們一起來向勞動大眾保證，如果他們選擇繼續擔任員工，他們就有組織工會的自由；有發表言論、集會以及使用媒體的自由；有投票的自由，所以能夠要求公平的薪資、安全的工作環境、進步的機會，以及掌控自己命運等基本權利。

每個人都知道專制政府不好。當政府打壓異議人士，違反公民權益的時候，會製造一股恐懼的氣氛，這將扼殺創造力，鼓勵懷疑，助長仇恨。以高壓統治手段建立的社會，長期來看都不會成功。

但是，專制、心胸狹窄、權力無限的經濟制度，也好不到哪裡去。當人們因為不想得罪老闆、害怕因此丟掉飯碗影響生計，而不敢說出心裡的話，創意也將萎縮。

作家和藝術家如果依賴營利的媒體公司，就容易變得膽小怕事。企業利用政治獻金的力量，把政府的政策和規則轉到公司所願的方向。法律和規定最後都被改成符合企業領導人的喜好。與財富如影隨形的權力一定會越來越集中在少數人的手中。

企業領導人必須了解自己對社會的責任，並在決定政策時能夠尊重大眾的意見。越來越多的企業領導人已經感覺到，有必要重新修定企業的概念，不要再受限於個人獲利的狹隘觀點。有些人認同更寬廣的企業概念，應該追求三個地位相等的目標——人類、地球、利潤，而不單單只有利潤。在這個概念受到全球一致認同之前，人類、地球與利潤之間仍將持續處於緊張關係。民間機構仍然必須持續對所有傷害環境、傷害弱勢族群，或者剝削勞工的企業做法，提出嚴肅抗議。

不論是出於自願或者經過衝突，企業領導人都必須承擔這些壓力。否則，長久之後，他們將為自己自私的行為所製造出來的憎恨和仇怨，付出沉重的代價，不管是受到政府的制裁，或者遭到憤怒的人民群起反抗。

＊＊＊

要達成轉型的經濟制度，也就是本書的探討主題，需要在許多層面上做出重大改變，包括從學校教育到政府的基礎建設，從金融制度到管理企業的法律。有些必需的改變已經開始了，我也詳細說明過了。但是，只有全世界的人都真心要求，並堅持他們的領導人以行動支持，包括承諾實現善治、保護人權，這個經濟轉型才能完全落實。

如果有人告訴你，這些議題和經濟一點關係也沒有，不要理他們。一切都和經濟大有關係，因為一切都和人類表達內在創造力的自由息息相關。只要我們每一個人都有能力對全人類的福祉做出貢獻，那麼數百萬人正在努力打造的三零世界，就會朝實現之日邁出很大的一步。

第四部

邁向未來的踏腳石

10 我們需要的法律和金融基礎建設

我在本書中一再強調個人所扮演的角色，包括創業者、家庭主婦、年輕人、企業領導、社會運動人士、學者、老師，為了打造新經濟制度，我們的世界急需這些人的參與。我深信我們每一個人都有改造社會的力量。第一步，或許也是最困難的一步，就是先改造我們的思維，跳脫一直以來限制我們行為的狹隘心理。

然而，與此同時，資本主義制度並不是在真空環境中運作。在法律和制度所組成的架構下，才形成了自由市場。這包括一套法律制度，能夠支持合約的約束力，支持對任何詐騙、剝削的追索權，保障所有人擁有良好工作環境、合理薪資、成長機會的權利。它還有一個政府，能夠分配一部分的國家財富，用來建造基礎設施、教育年輕人、保護環境、維護大眾健康，以及捍衛國家，對抗內部或外部的敵人。它也有一套金融制度，能夠提供健全的貨幣做為可靠的交易媒介，讓基本的銀行、保險、投資以及其他服務，完全由全民所共享，並且建立信用貸款來源，以促進企業的成立和成長。

為了幫助這個世界達成許多層面的目標，所有這一切都很重要。但是我忍不住要點出它的重大失敗，只因為一個簡單的理由，因為它對於人類有兩點誤解。首先，它假設人類的所有行為都是出於自私。第二，它認為大多數的人都只是找工作的人。如果能夠以更廣寬、更接近真實的方式來詮釋人類，我們就能成就我在本書中試著說明的經濟制度轉型。

我並不是建議要揚棄現有的制度，畢竟它已經協助產生許多科技突破、大量財富，以及雖然不均但穩定地提升全世界民眾的生活水準。相反的，我是想要擴充這個制度，把目前沒有選擇、規格單一的企業世界，變成有兩種企業型態可供選擇的世界，從而充分運用社會中的所有市場力量。沒錯，我說的這兩種企業，就是追求利潤最大化的傳統企業，以及為所有人創造最大利益的社會型企業。而且，我想要讓所有人都理解，每一個人都有成為創業者的潛力，可以為自己創造工作機會，不必依賴別人給他們工作，從而增加人們在職業上的選擇。

人們可以從這份擴充版的職業選單上自由選擇，願意的話也可以混合進行。我建議的制度沒有強迫性，如果不想選擇新的選項，就可以留在既有的制度。但是，如果選擇新選項的人越來越多，我們就有極大的機會能夠創造新的世界，我們夢想中的那種世界。

如果把社會型企業和全民創業引進經濟理論架構，會產生什麼影響？它將立刻顯示出，我們的經濟制度在每一個層面都需要改變。在本章中，為了因應目前巨大的社會挑戰所需要的緊急改革中，我將扼要描述我們的法律和金融架構中，有哪些需要改變、擴充、放寬的地方。有些必要的改革已經上路，但是為了支持與加速這些改革，必須做的事還很多。

現有法律和金融制度的問題

再也沒有比現在更好的時機，認真討論富裕國家在法律和金融制度上需要做的改革了。①就在幾年前，二〇〇八到二〇〇九年之間，我們的世界經歷了一場嚴重的經濟危機，導致數億人口的生活陷入困境。這場危機的起因是許多人心中最先進、最成熟的國家——美國，在法律和金融制度上出了問題。

在這場危機中，美國境內許多監管嚴格的銀行蒙受了巨大的損失，有些甚至得仰賴政府基金的大量挹注，財務才不至於徹底崩潰。大量納稅人的錢被挪來保護號稱「大到不能倒」的金融企業，彷彿這是公共責任的最新定義。問題的起因很多，其中包括某些銀行家的詐欺放款行為。但是，大部分專家都同意，核心原因是華爾街所謂的專家能人，所設計出來的不動產抵押貸款證券以及其他衍生金融工具，在定價和交易制度上的瑕疵。這些投資商品之間存在著盤根錯節的相互關係，一旦潛在市場的弱點變得明顯，銀行家和投資人就會恐慌，因為發現自己根本不清楚手上持有的是什麼，真正的價值是多少。市場崩盤的結果就是，全球數百萬名無辜民眾就此蒙受巨大痛苦。有些人失去了房子、工作，數年來辛勤工作累積的微薄積蓄，就在一夕之間化為烏有。

有些人可能覺得很諷刺。有錯綜複雜的法律防護和保護網的華爾街金融架構，竟然會崩盤；但像孟加拉格萊珉銀行，這種以信任為基礎的微型貸款機構，卻持續蓬勃發展，沒有受到其他世界的金融不確定氣氛影響。格萊珉美國銀行也是如此。這家美國版的微型貸款機構剛好就是在同一年，設立於金融危機的震央紐約市。很顯然，住在孟加拉鄉村和紐約市區的婦女，憑著誠實和辛勤工作所累積的經濟價值，比聰明金融家所建構的商品還要可靠、長久。

一九九七年也曾發生過類似的情況。亞洲幾個國家因為投機性貸款泡沫破裂，總體經濟急遽衰退，但在那些國家的微型貸款機構仍然業務興隆。似乎每次經濟危機來襲，「主流」金融機構搖搖欲墜之際，微型貸款組織總能像一座島那樣不動如山。

誠如我之前所解釋的，格萊珉銀行放款的根據，是以信任為基礎的簡單金融安排，不需要用到法律文件。我們設計的制度也不需要擔保品，這是刻意的安排，因為我們的用意是協助窮人，尤其是最貧窮的人。基於需要，我們建立了一套以互信為基礎的免擔保品制度，另外還有持續貸款的正面激勵措施，以及保證還款的其他支持措施。格萊珉銀行從來不曾動用到律師或上法庭，來收回貸款。

此外，格萊珉的業務安排也很簡單、直接、透明。貸款和儲蓄的利率都清楚公布在格萊珉的官網上（www.grameen.com）。所有貸款都是用在創造收入的活動、住房與教育上，而不是用在消費活動。大部分的企業貸款基本利率為二〇％，隨餘額遞減，不算複利，低於政府固定的微型貸款利率二七％。格萊珉還提供貸款給大約十萬名乞丐，他們

①**作者注**　接下來有關改造經濟制度在法律層面的考量，部分摘自穆罕默德·尤努斯於二〇〇八年發表於《人權雜誌》（*Human Rights Magazine*）的文章〈法律可以如何爲終結貧窮鋪路〉（How Legal Steps Can Help to Pave the Way to Ending Poverty）。Winter 2008, http://www.americanbar.org/publications/human_rights_magazine_home/human_rights_vol35_2008/human_rights_winter2008/hr_winter08_yunus.html.

被稱為「奮鬥會員」（struggling member）。這類貸款不但不收利息，也沒有時間限制，目的是鼓勵這些會員停止乞討，成為一般存款戶和貸款戶。越來越多這類的貸款戶已經完全不再乞討，成為上門推銷的業務員，或從事其他創造收入的活動。

格萊珉銀行的所有權和管理結構設計原理類似，以提升可信度和公開度。銀行的七五％是由貸款人持有（也可以稱為會員）。十二名董事中有九名是女性貸款人，而且是由所有的銀行貸款人共同推選出來。

結果可以說明一切。格萊珉銀行的還款率持續超過九八％，即使在經濟困難的時期也是如此。銀行能夠產生利潤，也能自給自足，透過簡易的放款、貸款還款以及會員儲蓄，就能夠生產足夠的金錢，以維持清償能力和獨立性。和主流銀行制度不同，微型信貸永遠不會產生足以影響整個社會，甚至動搖整個國家或世界經濟的金融不確定性。

從這些事實來看，人們不禁好奇，在主流的金融產業中，對牽涉到的數百萬人和數千家金融機構來說，複雜的法律合約到底有多必要。統計數字顯示，美國境內近期的法拍屋案件中，有高達五〇％的案件，放款人和貸款人沒有直接的溝通。相反的，格萊珉的銀行員和貸款人，在全孟加拉八萬個村落每周召開一次的中央會議上，每次都能面對面接觸。

一般人很難理解的複雜合約，不可能提供可靠的基礎，銀行員和他們應該服務的對象之間，就無法建立良好的關係。如果合約內容太複雜，複雜到連銀行員都不完全理解，就根本沒有任何用處。

由於合約未能達到保護貸款人與銀行其他顧客的作用，包括美國在內有些國家的政府監管部門制定了用意良好的規則，規定所有財務協議上的關鍵用詞和要求，都必須以清楚明白的語言披露。然而我們不得不問，如果這些披露聲明埋在一大堆又長又複雜，沒有人完全理解的文件中，又能起多大的效用。

我並不是提議我們應該徹底簡化已開發國家的法律和金融制度，讓他們變得像格萊珉銀行一樣完全以信任為基礎。我要說的是，如果要在法律和金融制度中建立一個全新的經濟領域，完全以無私、分享以及社會利益為基礎，而且不是靠正式制裁，而是憑著互信來維繫，可能沒有你想像中的複雜與困難。如果你建立的組織不是以追求個人私利，而是為了幫助有需要的人過更好的生活，大部分的人基於同樣的利他主義，都會樂意支持。市場參與者之間為了勝過別人而產生的競爭，變得完全沒必要。各種防止剝削的防護措施，也不像在利潤最大化的企業世界裡那樣重要了。

只要在社會型企業領域和傳統追求利潤最大化的企業領域之間，畫出清楚的界線，兩個領域都可以繁榮發展。只要越來越多人開始熟悉無私企業的概念，參與成立社會型企業，並享受到社會型企業所帶來的利益，這種互助的經濟概念就會持續擴散。如此一來，人們會更容易以互信的精神一起合作，不需要複雜的合約來控制彼此之間的互動。

法律專業可以起什麼作用

以信任為基礎的格萊珉模式，其可貴之處在於，它以自願和建立尊重、自尊和社區以及類似企業的方式，藉著幫助窮人，特別是貧窮婦女，而幫助到每一個人，並因此建立了人力、家庭以及社會資本。我們或許無法以同樣直接的方法，運用在所有類型的經濟互動上，至少目前還不能。但是法律專業人士可以開始採取行動，把這種以信任為基礎的模式，推廣到社會的其他領域。為了支持我們已經開始在打造的新經濟制度，我們最後一定會需要修改法律制度。這樣做，就可以為這件事開路。

以下提供一些領域給有同樣願景的律師參考。

簡化管理微型貸款方案的相關法律。多年來，我一再倡議制定一套新的銀行法，允許成立專門服務窮人的銀行，因為目前的法律主要是成立服務富人的銀行。如果只是就現有法律做縫縫補補的修改，開放不需擔保品的放款給非銀族（the unbanked，按：沒有銀行帳戶的人），效果非常有限，尤其是當非銀族和低銀族（the underbanked，按：不常使用主流金融服務的人）對銀行服務有很大需求的時候。

我以金融服務就像個人經濟生活的氧氣來比喻。這股氧氣輸送給金字塔頂層的族群時，極為慷慨大方；事實上，他們所享受的經濟之火，幾乎把所有的氧氣供應都消耗光了。在這種情形下，金融制度等於助長了世界上的財富極端集中。

與此同時，儘管金融服務的商品設計與便利性一再推陳出新，但還是有超過世界人口一半的人，吸收不到這股經濟氧氣。因此，有數億人過著極為艱苦的經濟生活，逼得他們不斷在掙扎中求生。如果能提供這些人經濟氧氣，他們就能過著生氣蓬勃、健康的經濟生活。

因此，微型信貸的意義就不只是提供一筆小小的貸款給貧窮婦女，而是對整個金融制度的挑戰。格萊珉銀行所做的一切，都是從前傳統銀行聲稱不可能做到的事。事實很簡單，如果你順著同樣的路走，只會走到一樣的目的地。如果你想去新的目的地，就一定要找一條新的路。如果沒有路，就得自己造一條。道路只是途徑，不是終點。但在現行的金融制度下，道路卻變成終點，而最初的目的地卻被遺忘了。

全世界各地都需要更簡單的法律，允許微型貸款計畫從所有人取得儲蓄存款，並將資金借給窮人。可以藉著發放限量的銀行執照，給經營微型信貸組織的非官方組織，以達到這個目的。但是太多的司法管轄區不允許這種符合常識的做法。適當的法規應該允許微型貸款機構透過動員存款擴大業務，這也是讓微型貸款拓展到全球最重要的一個步驟。

短期內，我們不需要等政府通過一整套管理微型貸款的新法。在努力制定新法的同時，可以先就現有管理各種形式金融機構的法律，加以調整運用，以支持微型信貸的推廣，並授權給現有的機構。例如，印度儲備銀行（Reserve Bank of India）就發行限量的銀行證照，給以非營利組織方式運作的微型貸款機構，允許他們轉型為功能完整的微型貸款銀行。這個簡單的步驟，我已經向印度財政當局建議好多年了，很高興終於見到它被落實。但是，我鼓勵當局仔細審查新的微型貸款銀行，確保他們不會因為經手的金額變多，機會變大，以及伴隨著金錢而來的誘惑，而失去根本的特質。

總而言之，最好的選擇就是由國家當局制定專法，協助成立為低收入人口服務的微型貸款銀行。

減少阻礙小規模創業的規定。特別是在美國，許多低收入創業者發現要成立、經營一家小公司，總是有許多不必要的麻煩，因為法律和規定原本都是為大型企業而設計的。舉例來說，在美國路易斯安納州，在未通過測試並取得州政府發的證照之前，[2]個人不得轉售插有超過一種花卉以上的插花作品。這項規定讓新的創業者望之卻步，因此也降低了市場的競爭性，讓插花成本降不下來，但這只是幾百個因為政府規定讓人更難在不損失利潤下成立小公司的一個例子而已。這些規定應該可以修改，讓這種執照變成自願與可以選擇，讓買家自己決定要向有執照或沒執照的人買插花就可以了。

當然，很重要的是，要確認保護大眾、守護環境、防止詐騙的必要規定，不會因此削弱功能。立法機關應該考慮，授權給監察員或指定委員會研究現行法規，並徵求專業、公正的意見，以討論哪些法規需要廢除或簡化。

---

②**作者注**　"Retail Florist License," Louisiana Horticulture Commission, http://www.ldaf.state.la.us/consumers/horticulture-programs/louisiana-horticulture-commission/.

提供窮人監管豁免權。非常窮的人在創業的時候，應該給予監管豁免權，讓他們受到法律干擾的情形降到最低，畢竟這些法律在制定時並沒有考慮到他們的需求。我在許多國家見過，因為法律的規定，窮人和年輕人根本無法創業，而且在富裕國家的情形比貧窮國家更嚴重。這種免除法規管理的方案，可以考慮類似自由貿易區或特別企業區等做法，這些做法的目的通常是為了減免經濟需求特別大的地區的稅收負擔。以類似的方式，我們應該成立合法的無干擾區，讓窮人和年輕人更容易靠自己謀生。當然，這樣的方案不應該妥協基本的規則，而影響到安全與環保。

設計社會福利以及健康照護法規，以鼓勵個人獨立。政府幫助窮人的社會保障計畫，往往設計不良，導致鼓勵依賴而非獨立。例如，他們通常嚴格限制低收入戶可以存或賺多少錢，才能持續保住政府補助食物、住房或醫療的資格。但是，真正有創意的政策改革，應該藉著創造收入的活動，讓他們有能力照顧自己，以找回自尊和獨立。補助應該按階段遞減，而不是一旦達到某個收入門檻就立刻切斷所有補助。如此一來，可以鼓勵社會福利救助對象，以最終脫離社會救助為目的，踏出創業的步伐。

那麼，可不可以制定稅法，提供社會型企業特別的優惠？這是不是我們為了推廣這種新的企業型態，應該採取的法律步驟呢？

在現行的經濟制度裡，社會型企業處於一種奇怪的「灰色」地帶，因為它明顯並不符合兩個主要的組織類別：營利事業，以及非營利組織。和營利事業一樣，社會型企業也需要依公司法登記、有業主、財務上能夠自給自足、有購買商品或服務的顧客、時間到了也必須把投資資本還給投資人。但是，它又像非營利組織，完全致力於謀求人類和地球的福祉，不追求利潤最大化，也不以替業主創造財富為目的。它和非營利機構一樣，都是為了更大的利益而服務，只是以類似企業的方式在做事。因此社會型企業和慈善機構又有很大的不同。慈善機構的捐款只能用一次，但社會型企業的投資金可以無限循環利用。

在如此複雜的情況下，有人主張，既然目前法律提供慈善組織稅收優惠，新的稅法也應該給社會型企業和慈善組織同等待遇。我不贊同這項提議。主要理由是，我想預防社會型企業遭到某些不誠實的人濫用，他們可能會狡猾地掩飾追求個人獲利的意圖，打著社會型企業的旗幟，向政府當局申請稅法上的優惠。如果允許這種免稅做法，我擔心會鼓勵成立假的社會型企業，最後導致假的社會型企業數量超過真的社會型企業。負責判定哪一家公司是社會型企業的政府官員，最終會掌握很大的自由裁量權，淪為貪腐的溫床。

因此，為了確保程序透明並保護社會型企業的廉正性，我認為讓社會型企業和傳統企業受到一樣的法律待遇很重要。社會型企業是建築在無私的基礎上，就讓它在沒有免稅優惠激勵的情況下，繼續以無私為驅動力吧。

簡化簽證、移民、護照制度，以鼓勵國外旅行。目前制度限制國外旅行的自由，是很讓人挫折而且浪費時間和資源的一件事。在這種限制旅行的官僚障礙下，受害最大的是窮人和年輕人，其中包括想出國尋找教育機會、有尊嚴的工作，以及更好未來的年輕人。孟加拉就是如此。

耐人尋味的是，大約在一百年前，越過邊境需要簽證的做法，根本就不存在。當強大殖民國家的公民在世界各地移動的時候，並不需要護照或簽證。一直到第一次世界大戰期間，護照才變成必要證件。第二次世界大戰之後，歐洲人推出成立歐盟的偉大構想，這是為了自由而不受約束的移動，願意打開分隔各國邊境的大門，這代表朝以前不需要簽證的世界邁出了一大步。我們應該加速向無簽證世界邁進，而不是走回頭路。

美國政府最近讓國際旅行更困難的舉動，只會讓全世界受到剝削的人，原本僅存的少數希望，又減少了一個。封閉另一個機會，將會讓全世界的窮人除了爆發強烈的憤怒之外，沒有多少選擇的餘地。

你可能會注意到，我在法律方面的所有建議，都有一個共同點。所有的建議都是為了掃除妨礙人們和社群充分發揮潛力的障礙。我和主流經濟學最基本的歧見就是，主流經濟學把人囚禁在讓他們無法前進的制度裡。所有影響法律的人，包括政府官員、律師、政治人物、社會運動人士等等，都應該仔細檢視現行經濟和法律架構，是如何限制個人，尤其是窮人，充分發揮天賦的自由。把窮人困在法律圍欄和法規限制裡，對他們的脫貧並沒有幫助。

錢從哪裡來

我在談社會型企業時，最常被問到的一個問題是：「資金從哪裡來？」今天，在許多公司、非營利組織、投資人，以及個人創業者的資金贊助之下，全世界已經有數千家社會型企業，情況已經越來越清楚，許多人和機構都渴望支持這些以解決人類社會最具挑戰性的問題為目標的企業。

然而，同樣的問題仍然一再被問起。有時候是這樣問的：「很多幫助窮人的政府計畫，正在很多國家乞求資金。你要如何讓人掏出錢來，給設計來幫助同一群人的社會型企業？」

這個問題似乎假設，我們的世界很難找到滿足重要需求的資源。但那不是真的，只要往周遭看一看就會發現。政府的預算動輒數千億元，而且還在持續攀升。軍事、武器裝備方面的資金在全世界各國自由流通。全球各大城市布滿了起重吊車，忙著蓋起一棟棟摩天大樓，好讓大企業和有錢人進駐。在全球股市裡，大公司的市值屢創新高。全球金融市場目前估計投資金額高達二百一十兆美元，其中有很多資金不斷從一個地方流向另一個地方，以尋求更大的成長機會。

金錢並沒有短缺。有錢人活在金錢之洋裡，只有窮人連一口都分不到。這個世界創造了一個又一個泡泡，住在裡面的人總是忽略了下層泡泡正在發生的事。最上層的泡泡是所有財富集中的地方，而最下層的泡泡住了最多的人，但擁有的財富卻最少。久而久之，最上層的泡泡裡住的人越來越少、財富越來越多，財富壟斷的情形就越來越極端。

我在本書中主張的經濟制度改革，就是為了改變這一切。為了啟動這些變革，我們需要把一部分在全球到處流動的大量資金導向新的領域，導向那些為解決世界重大問題而成立的企業，包括幫助窮人把天賦與資源做更有效發揮的社會型企業。時間一久，重新定向的金流將會改變失衡的現況，把現在讓很多人受苦的世界，變成一個經濟更平等的國度，讓每一個人都可以進入金錢之洋……可以取用它，並用它來灌溉未來的花園，正確的企業成長類型將會發芽茁壯。

格萊珉銀行的做法是一種拋磚引玉的努力，將一小部分的金融之水導向窮人，讓他們可以取用應得的分量，在財務上能夠變得充滿活力和創意。隨著社會型企業的擴散，將會有更多的金融輸送管道被架設起來，將資金帶給為解決全球問題挺身而出的人和組織。

弄清楚支持這些作為的資金從何而來，並不困難。這裡有一個例子：我們已經知道，這世界上八位擁有最多財富的人的名字，這八個人的財富總和甚至超過底層那一半世界人口的財富總和；我們也知道他們各自擁有多少財富。如果那些超級富豪願意為了世界的利益，把自己的財富拿出來一半，金流的方向就會立刻改變。

我聽見你的反對意見了。「我們怎麼可能說服這八位金字塔頂端的超級富豪放棄那麼多的財富？」很意外的是，這根本不是問題。我們不需要去說服他們。他們自己已經決定去做了！這八位世界首富已經簽署了一份捐贈誓言（Giving Pledge），承諾將在過世後，捐出一半的財富。事實上，除了這八位富豪，全球各地許許多多的億萬富翁也都簽署了這份捐贈誓言（截至二〇一六年年中，參加簽署的人數已經超過一百五十人，簽署人數仍在持續增加中）。③

這八位最有錢的億萬富豪中，包括Facebook創辦人兼執行長馬克．祖克柏（Mark Zuckerberg）。二〇一五年，他的大女兒麥克絲（Max）出生的時候，祖克柏發表了一份公開聲明，宣布捐出他九九％的Facebook股份，這是他個人財富的大部分。隨後他向美國證券交易委員會提交了一份登記文件，讓這份禮物正式生效。祖克柏為什麼要這麼做？他為此做了清楚的解釋：他希望，他的錢可以用來為女兒打造一個更好的未來，而不是留給她一個飽受各種問題蹂躪的世界。④

捐贈誓言的出現，而且受到世界最有錢富豪的歡迎，是一個健康的跡象。現在我們要做的就是說服他們，至少把一部分的錢用在社會型企業。如果得到他們的同意，我們在全世界成立的所有社會型企業，就會有源源不絕的資金。投資進來的錢不會消失，相反的，隨著社會型企業的擴大與繁殖，將會持續流通與成長。同時，目前和未來簽署這份誓言的人也會受到鼓勵，將社會型企業納入他們的捐贈承諾中。

在此，我想特別強調一個重點：不是億萬富翁的人，也可以發表自己的捐贈誓言。

任何人都可以這麼做。我鼓勵所有人務必要成立自己的社會型企業信託，把一半以上的財富放在這個信託，以備在進入人生第二階段時，可以用來投資社會型企業（同時保留足夠的積蓄照顧個人的需求）。還活著的時候，你可以維持這個社會型企業信託執行長的身分，甚至領取一份管理這個信託基金的薪水。

人們經常問我：「把錢投入一個社會型企業，或是一個社會型企業信託，對個人有什麼好處？」答案很簡單。賺錢很快樂，但是讓別人快樂是超級快樂！一旦你嘗過這種超級快樂，就會想要更多。

其他各種類型的投資基金，也可以對社會型企業的成長做出貢獻。試想，如果所有的退休基金、養老基金、家庭基金、大學捐助基金，以及其他各式各樣的基金，都能夠撥出一%，用來成立一個社會型企業信託，對這個世界會有多大的意義。

捐贈國也可以重新設計自己的開發援助政策。他們可以在每一個接受捐助的國家，

---

③ **作者注** The Giving Pledge, https://givingpledge.org.

④ **作者注** Kerry A. Dolan, "Mark Zuckerberg Announces Birth of Baby Girl & Plan to Donate 99% of His Facebook Stock," *Forbes*, December 1, 2015, https://www.forbes.com/sites/kerryadolan/2015/12/01/mark-zuckerberg-announces-birth-of-baby-girl-plan-to-donate-99-of-his-facebook-stock/#16d43dc218f5.

成立社會型企業信託或基金，並將他們同意捐贈的一半以上基金投資在這些信託裡。

在這些情況下，怎麼會以為社會型企業會缺乏資金呢？

有些人主張，成立幫助窮人的組織，包括成立微型信貸銀行提供窮人金融服務這樣的工作，是政府的事。我反對這個想法。我對於把政府的錢用在任何以借錢給低收入人口為目的的社會型企業這件事，抱持審慎的態度。例如，我不建議政府涉及微型信貸銀行的經營或計畫。任何一個政治實體要收回借給窮人的錢，都會非常困難。即使窮人有意願，也有能力還款——通常也是這樣，但向他們追討欠款，對政府而言是吃力不討好的事。對人民來說，政府有責任照顧窮人和弱勢族群。那是政府的義務。因此，當政府機關向窮人要求還款時，這個行為似乎和政府的責任產生矛盾，導致窮人很不情願還回從政府計畫領到的錢。此外，因為政府是由政治人物在經營，他們往往更關心能不能拿到這些人的選票，而不是能不能收回這些錢。因此，如果微型信貸的資金來源是政府計畫，就不容易維持還回借款或投資資金這個重要紀律。

除了借錢之外，政府透過社會型企業來解決社會問題，還是比透過慈善機關或公營企業更有效率。基本的條件就是，每一家社會型企業都應該以一個獨立、自給自足的事業單位來經營，根據一般的公司法成立，並且只受公司董事會的掌控。所有員工依法應該是公司雇員，而不是政府雇員。所有的利潤不是重新投資在原公司，就是投資其他的社會型企業。和其他社會型企業一樣，由政府投資設立的社會型企業，也應該享有權力，視需求進行擴充或重新設計，以達到符合成立宗旨的社會目標。

政府擁有的基礎建設，也可以被設計成社會型企業，不一定要像一般政府機關那樣運作。國營的工廠、企業、航空公司、機場、鐵路、能源公司、礦場，以及其他的基礎產業，都可以按社會型企業的運作模式來設計。政府可以和私人營利型企業或社會型企業合作，建立合資的社會型企業。

政府支持社會型企業有很多好處。和社會型企業的持有人一樣，政府機關之後也可以拿回投資的錢，就好像替納稅人存錢一樣。社會型企業的財務細節都會公開，也等於向人民保證，這家企業沒有貪腐的問題，而且，成立這家企業想貢獻的社會利益也做到了。

建立促進經濟改革的金融架構

就像我所建議的，有一種把投資資金導向各式各樣社會型企業的有效方法，就是社會型企業基金。社會型企業基金和傳統以利潤為導向、由專業投資團隊管理的投資基金類似。基金經理人選擇標的公司之後投資，然後謹慎監督後續成果。但是，和尋求個人利益的投資基金不同，社會型企業基金的投資焦點是社會型企業，而不是追求利潤最大化的公司。既然社會型企業基金不能從被投資公司取得任何利潤，就必須向該公司收取一筆服務費以支付成本開銷。然而，它的目標不是投資保證可以產生大筆獲利的公司，而是支持可以創造重大社會利益的公司，例如減少貧窮、改善營養、提供健康照護服務等等。社會型企業基金的投資人可以得到兩個好處，一個是基金經理人的專業知識與敏銳眼光，一個是知道自己的錢正在幫助一些社會型企業做各種有益世界的好事。

最早成立的一批社會型企業基金中，有一個是由法國農業信貸銀行所創辦的。法國農業信貸銀行是法國一家歷史悠久、信譽卓著的銀行，最初成立的目的是透過區域性和在地的合作銀行，服務農人的需求。如今它已經成為法國最大的多元化金融服務公司。

二〇〇六年，當時法國農業信貸銀行負責歐洲事務的資深主管尚－路克．培洪（Jean-Luc Perron）對微型信貸很有興趣。他發現當時公司的執行長喬治．博杰（Georges Pauget）也非常支持這個概念，認為銀行應該積極參與推廣微型信貸，以消弭貧窮。於是，培洪提交了一份行動計畫。為了落實這項計畫，培洪和博杰決定在二〇〇七年七月造訪孟加拉數日，實地了解格萊珉銀行的運作，並且主動提出雙方合作的計畫。

在孟加拉停留期間，他們倆走訪了各個村落，親眼見證了孟加拉銀行各分行的運作情形，最後與我會面尋求協助。他們提議兩家銀行合作，以支持微型信貸以及社會型企業更廣的概念。

在基本原則確定之後，雙方同意進行全球性的合作。法國農業信貸銀行與格萊珉信託聯合成立了格萊珉法國農業信貸微型貸款基金會（Grameen Crédit Agricole Microfinance Foundation, GCA），以提供資金給因缺錢而無法擴展活動的微型貸款計畫為目標。法國農業信貸銀行投入了五千萬歐元，由尚－路克．培洪擔任執行董事。

今天，GCA總共支援開發中世界二十七個國家裡，超過五十項的微型貸款計畫，特別是在非洲大陸。二〇一二年，GCA推出了一個支持社會型企業的新計畫，做為單獨的社會型企業基金。

這個社會型企業基金本身也是一種社會型企業，它的目標是彙集關心社會的投資人資金，其中也包括GCA基金會本身。基金經理人選擇適當的社會型企業做為投資標的，並評估這家公司的永續性，以及可能產生的社會利益。該基金也提供技術協助給它的社會型企業夥伴。

培洪解釋這個基金的行動相當謹慎，會小心研究有潛力的投資目標，選出前景最看好的才會提供資金。他表示：「比起投資微型信貸，投資社會型企業的難度更大，風險也更高。」因為「微型信貸已經累積了相當經驗，是非常成熟的金融技術。相較之下，每一個新的社會型企業都是獨特的個案。因此，在決定是否提供資金之前，我們投入了很多的時間和公司創辦人一起研究」。

二〇一七年年初，GCA社會型企業基金已經投資了十五家社會型企業，投資領域包括健康、農業、再生能源、文化等等。以下是幾個例子：

- 牧羊人乳業（Laiterie du Berger）乳品製造廠，從塞內加爾北部富拉尼地區的牧人收集牛奶，加工製成優格以及其他產品，以朵利瑪（Dolima）品牌銷售。
- 綠色村落企業（Green Village Ventures），為印度最貧窮的地區之一北方邦鄉村的住家，提供取得太陽能的管道。
- 燈塔表演藝術社會型企業（Phare Performing Social Enterprise），一家位在柬埔寨的公司，經營柬埔寨暹粒規模最大的馬戲團以及表演秀，內容融合當代馬戲特技以及柬埔寨文化的傳統表演。團員均來自弱勢家庭，經過非營利組織藝術燈塔學校

（Phare Ponleu Selpak）訓練，共有六十名藝術表演工作者。

另外，我在第八章提到的農業和氣候危機企業有限公司（ACRE）這家設立在非洲，專門提供作物保險給小農的公司，也是GCA支援的社會型企業。

達能食品也是參與社會型企業基金的另一家組織。我在第三章說明過，達能食品當時的執行長法蘭克．李布如何開始對社會型企業產生興趣，如何設立了第一家合資社會型企業——格萊珉達能食品公司，提供營養優格給孟加拉的貧困家庭。達能公司的股東和員工對於能夠參與成立這種新型態的企業，都感到非常興奮，因此，達能決定藉著這個機會，以制度化的方式擴大對社會型企業的支持。

結果就產生了達能社區共同基金（Danone Communities），以專門投資社會型企業。達能的股東和員工共同出資六千五百萬歐元做為初始基金。之後，資金持續注入，有些來自達能的員工，有些則來自想要參與的外部投資人。按照目前的架構，這個基金用九〇%的資產投資固定收益證券（債券），以產生傳統投資收益；其餘的一〇%則投資在支持社會型企業的創投基金。達能社區共同基金目前投資的事業包括：

・營養起跑（NutriGo）。該公司藉著銷售強化的營養補充品「營養包」，解決中國嬰兒營養不良的問題。
・南迪社區水服務公司（Naandi Community Water Services）。生產安全、平價的飲用水給印度的貧困社區。
・伊左米亞（Isomir）。這家法國公司設立小型的食品加工廠，提供當地農夫團體使用，幫助還差一點就能達到永續經營的農業生產者提高收入。

和GCA一樣，達能社區共同基金也提供被投資公司專業支援和建議，包括由達能公司營養、生產、行銷方面的專家所提供的專業技能。

其他的社會型企業基金也在全球各地有如雨後春筍般一一成立。他們各自以自己的方式運作，投資一個或多個國家的社會型企業，並將來自個人或組織的投資金聚集起來，因為他們都想熱切參與正在建構中的新經濟。

每一個社會型企業基金背後都有自己獨特的故事。下面這個故事就是其中之一：

二〇一〇年，我到印度孟買參加一場研討會並發表演說。演說中我也說明了如何運用社會型企業基金的模式，以加速社會型企業的擴展。演說結束我走下講台時，一個我沒見過的人擋住了我，問了一個問題：「您認為在印度成立一家最小規模的社會型企業基金，需要多少錢？」

我立刻回答：「至少要一百萬美元。」

這位男士點點頭，然後陪我走向酒店門口，一邊問我一些社會型企業基金運作的問題。到大門口的時候，他和我握手，說道：「再見，尤努斯教授，謝謝您。我會為印度成立一家社會型企業基金的。」

我向他表示祝福，但是並沒有把他的話當真。我以為他的計畫只是出於一時的靈光乍現，我想他的熱情很快就會被商業現實冷卻，或者，也可能熬不過募集資金這一關。

結果我錯了。不到一個月，我收到一封署名薛爾吉加（S. K. Shelgikar）先生的來信時嚇傻了，他就是在孟買和我交談的那個人。原來他是一位金融和投資專家。信中他告訴我，他自己拿出一百萬美元設立的社會型企業基金，已經準備在孟買登記註冊了。他希望得到我的允許，為這家公司命名為尤努斯孟買社會型企業基金（Yunus Social Business Fund Mumbai）。我同意了。過去七年，這家基金在薛爾吉加先生的悉心照顧之下，幫助了許多孟買當地的社會型企業。

還有其他的社會型企業基金陸續成立。例如，二〇一六年，在印度的班加羅爾也成立了一家尤努斯社會型企業基金。它計畫支持四到五家教育、健康照護、住房方面的社會型企業，提供每一家公司大約七萬五千美元的資金。這家基金的創辦人之一凡娜莎．瑞迪（Vinatha Reddy），也是格萊珉庫塔（Grameen Koota）的創辦人。格萊珉庫塔是印度開始推行微型貸款時期，複製格萊珉銀行模式的一家公司。另一名創辦人蘇瑞許．克里什娜（Suresh Krishna）則是格萊珉庫塔的執行長。資金來源是凡娜莎的家族基金會。

在美國，格萊珉美國社會型企業基金成立於二〇一六年，最初的財務支援來自以知名塑身內衣品牌絲潘尼斯（Spanx）的公司創辦人莎拉．布雷克莉（Sara Blakely）為名的莎拉布雷克莉基金會（Sara Blakely Foundation）。這個基金專為全美各地都市及社區的女性社會型企業創業人士提供金援。

YSB也分別在設有分處的國家，成立社會型企業基金。從歐洲、亞洲、拉丁美洲到非洲，全球各地都有許多社會型企業基金已經在運作，或正在籌備當中。

政府可以設立各種不同形式的社會型企業基金。舉例來說，某些基金可以專門致力於某一個領域的利益，像是環境、貧困、創業、農業，或是健康照護。政府也可以設立區域性或地方性的社會型企業基金，支持有特殊需求的區域。資金來源可以包括政府提供的種子資金（seed money），也可以循環使用現有公營社會型企業的利潤，以投資新的社會型企業。

支持全球發展的捐贈國，可以撥出捐款的一部分，在受捐助國家創辦社會型企業基金，並由捐贈者選擇基金優先投資的地區。每一家成立的社會型企業將能各自永續運作，捐贈者的錢也能夠回收到基金，持續在未來不斷投資新的標的，相較之下，慈善捐贈的錢只能使用一次。捐贈者可以鼓勵當地公司或跨國公司，特別是在自己國家設有公司總部的跨國公司，和基金會一起設立合資社會型企業。公司也可以提供經驗、管理技巧以及科技，以協助擴展基金的能力。

社會型企業基金並不是唯一為了改變全球經濟而發明的新型態投資方式。還有許多實驗正在進行，這顯示各界對社會型企業基金的強大需求，以及把某些金融資源導向這個活力十足而快速成長的部門所迸發的可能性。

其中一個例子是社會成功通知單（Social Success Note）。這種提供社會型企業資金的巧妙手法，是由YSB和洛克菲勒基金會（Rockefeller Foundation）共同組成的創新金融工具設計團隊，新進研發出來的新架構。社會成功通知單可以被看成是**結果導向型融資**（results-based financing）機制的變化版。在這種制度下，政府機關或慈善組織將為有心發起追求特定社會目標的非營利組織擔保，向私人投資單位貸款。如果這家非營利組織推行的計畫達到預定的績效目標，政府就會提供投資人一筆資金，做為類似債券的貸款回報。這個策略已經為很多社會型計畫案，成功吸引來自像高盛（Goldman Sachs）這種私人投資機構的資金。

社會成功通知單則略微做了些變化。它需要三個參與團體的團隊合作：社會型企業、投資人，以及一個慈善捐助者，像是某個基金會等等。投資人以貸款的形式提供資金給這家社會型企業，幫助它去達成某一個定義明確的預定目標，像是為一定數量的遊民蓋住所，或是為一定數量的家庭延長健康保險。這家社會型企業會負責償還貸款，但是，如果它能在一個共同同意的期限之內達成預定目標，那麼慈善捐助者就會加碼一筆**影響力報酬**（impact payment）給投資人。

如同我在《彭博觀點》（*Bloomberg View*）發表的一篇文章所言，社會成功通知單創造了一種「三贏」的局面：

> 藉著影響力報酬，投資人得到一份風險調整後的商業報酬；基金會既實現了預設的社會目標，捐款也發揮了四兩撥千斤的效果；社會型企業則取得了低成本的資金，得以專注於改善世界的工作，而不必承擔做出符合市場的財務報酬率壓力。[5]

社會成功通知單的聰明之處在於，它的激勵方式讓三個利益團體各取所需，同時又讓投資資金流向能夠造福人類的計畫。一旦企業開始實驗這種新的融資形式，一定就會出現其他的創新變化。時間將會告訴我們，哪一種融資機制最能有效帶動未來社會型企業的成長。

長期來看，我在本書中所描述的融資工具，最後或許會變成暫時性的權宜之計。我相信有一天，將會出現社會型企業銀行、社會型企業經紀公司，以及社會型企業創投基金，持續而穩定地為社會型企業提供資金。

＊＊＊

建立一個新的經濟制度，最難的部分在於積聚推動改變的初始動力。我們現在的努

---

⑤**作者注**　Muhammad A. Yunus and Judith Rodin, "Save the World, Turn a Profit," *Bloomberg View*, September 25, 2015, https://www.bloomberg.com/view/articles/2015-09-25/save-the-world-turn-a-profit.

力就是為了這個。讓全世界了解法律和金融制度的改革需求，也是我們努力的一部分。每一項改革都會移除一些目前阻礙經濟改革創意實驗的障礙。

未來，只要社會型企業能持續繁衍、擴張，就會有越來越多的人和組織加入。最後，我們將會納悶，明明是這麼顯而易見的事，為什麼這個世界卻花了那麼久的時間，才看出真正符合人類需求的經濟制度。

11 重新設計明日世界

資本主義的概念架構，最初是由偉大的蘇格蘭經濟學家兼哲學家亞當・斯密（Adam Smith），透過他於一七七六年出版的著作《國富論》（*An Inquiry into the Nature and Causes of the Wealth of Nations*）提出的。長久以來，即使這個架構一直持續被改進、完備，它的基本宗旨卻始終沒變。隨著時間流逝，許多替代方案陸續被提出與實踐。但在同一段時間，世界已經有了劇烈的改變。雖然以前曾經有過好幾次，我們覺得需要重新檢視與評估資本主義基本架構，但是從來沒有像今天的感受如此強烈。

世界正面臨嚴重的危機。我和其他數百萬人一樣，相信資本主義是這個危機的根源。但是很少人會呼籲要放棄資本主義，以社會主義等其他制度來取代它。因為，幾乎所有人都相信，即使資本主義有那麼多問題，仍然是比較好的經濟制度。然而，有鑑於目前的危機，支持資本主義進行大幅改革的聲浪，已經越來越高。

在本書中，我說明了為什麼我認為資本主義在理論上和實務上的架構，都必須做相當程度的改變。這些改變必須允許個人從多方面表達自我，必須能夠擺平有待解決、甚至被現有制度惡化的問題。雖然有人認為，我的建議是在資本主義架構上做重大的改變，但我認為，我們別無選擇，仍有必要解決架構上的基本瑕疵。

在我看來，今天廣受大眾接受的資本主義理論架構，是不完整的架構。它把亞當・斯密所說的「看不見的手」，變成嚴重偏袒的手，將市場活動都往有利富人的那一邊推，讓人不禁要懷疑，這隻「看不見的手」根本就是從富人那邊伸出來的。

前面我已經討論過，資本主義的理論主張，市場機制是為了對利潤有興趣的人而存在。這樣的詮釋把人類看成單一面向的生物。然而，人是多面向的。有自私的一面，也有無私的一面。資本主義理論和圍繞著它而形成的市場機制，讓人類無私的一面毫無存在的餘地。我的提案主張，重新詮釋資本主義，重新認識人類，人類並不是現行理論所描述的資本主義人，而是更接近真實人的那一種。如此，將使我們在觀念上、實際作為上，以及經濟制度架構上，產生巨大的變化。我在本書中也一再強調，如果人性中無私的動機能夠運用在商業世界，就不會有什麼我們解決不了的問題。

亞當・斯密早在二百五十年前就清楚看出這一點。他於一七五九年出版的著作《道德情感論》（*The Theory of Moral Sentiments*）的開頭就這樣寫道：

不論一個人有多自私，他的天性裡顯然存在一些原理，讓他對他人的命運產生興趣，他需要看到他人幸福，即使沒有從中得到任何好處，光是看著就令他感到愉悅。這其中有憐憫、同情，因為他人的不幸而產生的情緒，有時是親眼所見，有時是透過很逼真的想像。我們經常因為他人的悲傷而悲傷，這是顯而易見的事實，無需任何證明。因為，這種情感就像人類天性裡其他強烈的情感一樣，絕不會只限於道德高尚和仁慈的人，只是他們可能感受特別敏銳。即使最凶殘的暴徒，最冥頑不靈的違法者，都不可能完全沒有這種情感。

斯密接著問了最基本的問題：為什麼我們會對某些行為或意圖，表示贊同或譴責？當時看法分歧：有些人主張，法律以及訂定法律的最高元首，是是非黑白的唯一標準；有些人則主張，道德原則可以合理計算出來，就像數學定理一樣。

斯密採取的觀點是，人類天生就有道德感，就像人類與生俱來的美感與和諧感。我們的良知會告訴我們，什麼是對，什麼是錯，這種良知是天生的，不是制定法律的人給的，也不是透過理性分析得出來的結果。為了強化這種情感，我們還有天生的同胞情感，也就是斯密說的**同情心**（sympathy）。這些天生的良知和同情心，讓人能夠而且也確實以有秩序、互利的社會組織生活在一起。

斯密另一本名著《國富論》，卻提出和他的道德情感論截然不同的說法。他在《國富論》裡的論點大體上可以概括為以下的主張：如果允許人類追求「自身利益」（self-interest），整個社會也會變好。不管斯密用**自身利益**這個詞時，心中想的是什麼，但是這個世界已經把它詮釋成「利潤最大化」的同義詞。實際上，自身利益被看成和自私一樣。結果，超越自己的世界就從商人的心中逐漸消失了。

在《道德情感論》中，斯密詳細說明了正義以及其他道德的重要，但是他並沒有解釋，這些道德和《國富論》提出的自身利益的關係。如果他是用這兩本書提倡兩種不同企業型態的理論基礎，或許我們的世界就不必面對現在的危機了。

現行的經濟理論架構不允許人類展現無私的一面，因為這個市場機制是專為追逐自身利益的企業而設計的。然而，我在本書舉出的例子證明，只要有機會，人們就會藉著經營為改善一般人生活而特別設計的企業，來表現他們無私的一面，這也是慈善工作明顯的進步。慈善機構的努力從來不曾中斷，他們很高尚，也很必要。但是企業比慈善機構有更大的創新與擴充能力，可以藉著自由市場的力量接觸到更多的人。如果全世界有才能的創業家和企業領導人，都能夠為終結營養不良和失業問題、為無家可歸的遊民提供庇護所，或是為所有人提供可再生能源以及完善的健康照護等目標，貢獻自己的心力，那麼，我們的成就將無可限量。

資本主義的危機

目前全世界人口已經逼近八十億，因此，重新評估資本主義概念的必要性更甚以往。我們還要為了追求金錢和權力，繼續犧牲環境，犧牲我們的健康，以及孩子的未來嗎？或者，我們要主導地球的命運，讓世界繼續以全人類的需求為中心，並運用我們的創造力、財富以及所有資源來實現這些需求？

重新思考、重新打造我們的經濟制度，不該只是一個好像不錯的點子。如果我們希望在這個星球上享受我們的未來，就沒有別的替代方案。雖然有些短期的潮流，藉著消費他人，似乎可以為我們之中的少數人帶來一些利益，但是長期來看，唯有能讓全世界所有人都分享成果的政策，才能真正永續。不管你是華爾街銀行盡力拉攏的高淨值投資人（high-net-worth investors），還是孟加拉成衣廠內的貧窮女工，命運彼此相連。烏干達種高粱的農民、墨西哥種玉米的農民，和美國愛荷華州種大豆的農夫，命運也緊密相連。

在過去十年中，我們的世界在一個又一個危機中跌跌撞撞：金融海嘯、飢荒、能源短缺、環境大災難、軍事衝突、難民潮，以及節節升高的政治動盪。民粹主義的領導人物高喊在國與國之間建築高牆；他們叫各國即刻退出成立了數十年，致力於外交與和平共榮的國際聯合組織。現在，是該集合全世界之力，一起以精心規畫、用心管理的方式，面對新一波的危機了。我們要把握最佳時機，讓新的經濟和金融架構到位，如此一來，將不會再發生這類危機，也能解決長期存在的問題，並修補現行經濟和社會秩序脫節失能的狀況。

新的全球經濟架構最重要的功能，是藉著導入第二種型態的企業，也就是社會型企業，把原本不完整的資本主義理論架構補齊；透過重建理論的過程，意識到所有人都是創業者，而不只是現行理論假設的勞動供應者。把這些改變放進架構中，它們就能在解決金融危機、糧食危機、能源危機，以及環境危機的時刻，發揮重要作用。新經濟架構能夠提供最有效的機制，以解決貧窮和疾病的問題。社會型企業不但能處理追求利潤的企業製造出來的問題，也可以糾正他們的越軌行為。

人類創造力的最高表現

社會型企業不只是解決人類問題不可或缺的工具，它也象徵了人類創造力的美妙表現，或許稱得上是人類創造力的極致表現。

我們知道社會型企業的目標是滿足人類的需求。但是創立一家社會型企業的時候，必須清楚界定所因應的需求，因為整個企業都將根據這個目標而設計。傳統企業不會有這種問題，因為每一家傳統企業的目標基本上都一樣，就是追求最高的投資報酬。社會型企業不一樣。每一家社會型企業都有各自的具體目標，因此清楚界定目標就顯得格外重要。

接著要談到社會型企業的設計。它必須根據預定達成的目標而設計。由於社會型企業的具體目標範圍很廣泛，設計社會型企業時就需要強大的創意。大部分的情況下，社會型企業的設計者等於是在創造一個前所未見的事物，也因此格外令人興奮。

根據我的經驗，一旦你成功設計了一家社會型企業，就停不下來了。如果你設計的社會型企業有瑕疵，就會想要另外設計一個功能更強大的……再一個，然後又一個。

社會型企業是自我發現、自我探索，以及自我定義的有力途徑。最棒的是，看到這個企業所創造的社會利益，例如飢餓的孩子有飯吃、無家可歸的人有地方遮風擋雨、生病的人得到治療，內心所得到的深刻滿足感，實在沒有其他的創意活動可以相比。相信我，生命中沒有什麼比想像一家社會型企業，然後將之付諸實現的過程，更能滿足創造的熱情。

讓每一個年輕人知道，他能夠以一個有創意的創業者角色，進入工作的世界。讓他們每天都做好準備，思考長大後要做什麼來照顧自己和家人，同時讓世界變得不一樣。男孩和女孩會墜入愛河，然後和生命中的夥伴打造共同的生活，是因為他們對人生有共同的目的，對世界有相同的目標。他們可以繼續一起發展出一家社會型企業，創造一個充滿喜樂和滿足的家庭，同時為整個世界帶來更大的幸福。

***

我們能夠出生在這個充滿可能性的年代，擁有神奇科技的年代，擁有財富、人類潛力無限的年代，真是夠幸運的了。現在，對於世界的當務之急，包括飢餓、貧窮、疾病這些自有歷史以來就困擾著人類的問題，解決方案就在眼前。有了社會型企業這項強大的工具，這些解決方案大都能藉由新經濟秩序的建立而加速其成效。

在這個每天都有更多更令人沮喪的消息傳來的世界裡，我們可以創造希望的泉源，人類擁有不屈不撓的精神，永遠不需要向挫折和絕望屈服。人類在這個星球上的目的不只是生存，而且還要活得優雅、美麗與幸福。一切都要靠我們自己。我們可以創造出一個不以貪婪為基礎、而是以完整的人類價值為基礎的新文明。讓我們今天就開始行動。

國家圖書館出版品預行編目 (CIP) 資料

三零世界：翻轉厭世代，看見未來，零貧窮、零失業、零淨碳排放的新經濟解方／穆罕默德・尤努斯（Muhammad Yunus）、卡爾・韋伯（Karl Weber）著；林麗雪譯.
-- 初版 . -- 臺北市 : 大塊文化 , 2018.04
320 面；14.8×21 公分 . -- (from ; 123)
譯自 : A world of three zeros : the new economics of zero poverty, zero unemployment, and zero carbon emissions
ISBN 978-986-213-881-6 (平裝)

1 企業社會學　2. 資本主義　3. 永續發展

490.15　107003588

LOCUS

LOCUS

LOCUS

LOCUS